西方建筑图鉴

西方建筑图鉴

[日]杉本龙彦　长冲充　芜木孝典　伊藤茉莉子

片冈菜苗子　中山繁信　合著

[日]越井隆　插图

堺工作室　组译

成潜魏　张卓群　何竞飞　黄梦甜　译

机械工业出版社

CHINA MACHINE PRESS

这是一本非常有趣的书，不仅有趣，还非常实用！

本书虽然是讲"西方建筑"，但并不是晦涩难懂的专业书籍。本书是以"虽然似曾相识，但倘若被问及却无法解释清楚的建筑术语"为引，并以相关建筑为例的内容编排形式，由"古代—中世—近世—近代—现代"五部分构成，按照所列建筑物的建造年份（包括推测）顺序进行排列。本书中最早出现的是埃及金字塔，距今已经有4500年，从这里开始直到21世纪的现代。也就是说，这本书中包含了"大约4500年的历史"！

本书包含精彩的插画和建筑图解，论述中穿插了相关的建筑历史背景、建筑技艺、人物和故事，同时以轻松的语言进行讲解。书中还附有"西方历史年表""西方建筑地图"及拼音首字母排序的索引，供读者参阅。如果能以这本书作为旅游指南，实际探寻这些建筑的话，对建筑的印象和见解一定会加深，成为有意义的旅行。那么，让我们一起来翻一翻，开始跨越时空的建筑之旅吧！

Original Japanese Language edition
KENCHIKU YOGO ZUKAN SEIYO HEN
by Tatsuhiko Sugimoto, Mitsuru Nagaoki, Takanori Kaburagi, Mariko Ito, Nanako Kataoka, Shigenobu Nakayama, Takashi Koshii
Copyright©Tatsuhiko Sugimoto, Mitsuru Nagaoki, Takanori Kaburagi, Mariko Ito, Nanako Kataoka, Shigenobu Nakayama, Takashi Koshii 2020
Published by Ohmsha, Ltd.
Chinese translation rights in simplified characters by arrangement with Ohmsha, Ltd. through Japan UNI Agency, Inc., Tokyo

北京市版权局著作权合同登记　图字：01-2021-1677号。

图书在版编目（CIP）数据

西方建筑图鉴/（日）杉本龙彦等合著；堺工作室组译.—北京：机械工业出版社，2021.10
　ISBN 978-7-111-68664-4

Ⅰ.①西…　Ⅱ.①杉…②堺…　Ⅲ.①建筑艺术—西方国家—图集　Ⅳ.①TU-881.5

中国版本图书馆CIP数据核字（2021）第132679号

机械工业出版社（北京市百万庄大街22号　邮政编码100037）
策划编辑：时　颂　责任编辑：何文军　时　颂
责任校对：王　欣　责任印制：张　博
中教科（保定）印刷股份有限公司印刷
2021年10月第1版第1次印刷
148mm×210mm·5.5印张·218千字
标准书号：ISBN 978-7-111-68664-4
定价：69.00元

电话服务　　　　　　　　网络服务
客服电话：010-88361066　机 工 官 网：www.cmpbook.com
　　　　　010-88379833　机 工 官 博：weibo.com/cmp1952
　　　　　010-68326294　金 书 网：www.golden-book.com
封底无防伪标均为盗版　机工教育服务网：www.cmpedu.com

写在前面

现在我们目力所及的建筑世界，究竟是

"从哪里来，要到哪里去？"

吉萨的三大金字塔，雅典的帕特农神庙，罗马的斗兽场，梵蒂冈的圣彼得大教堂……有些建筑被列入世界遗产，可以说是蕴藏着深厚价值的人类瑰宝，有些建筑有着震撼人心的魄力与规模，有些建筑拥有极尽奢华、绚丽夺目的装饰，有些建筑则具有与众不同的个性特征。根据地域或国家的不同，充满特色的建筑作品也不胜枚举，不断刺激着我们的好奇心。

让我们如此乐在其中的建筑，究竟经历了怎样的变迁呢？

"想对曾经见过的建筑有更深入的了解。"
"这些术语究竟是什么意思呢？"

即使出于这种心情翻开某本书，也只会发现成篇的专业术语，插图不算多，总是看得云里雾里。于是，

"建筑太难了，实在是搞不明白。"

一边这样想着就放弃了阅读。拥有过这类体验的读者想必不在少数。

建筑知识难解的很大一个原因在于用语艰深，图纸和照片也很少。特别是在对术语理解还不充分的阶段，如果到处都是难懂的词汇，简直举步维艰。而提及术语解说，大抵就是每个关键词旁排列几行解说文字，即便读了这些由年号和术语罗列而成的文章，也与建筑的趣味性相距甚远，再加上不知晓背景和缘由，不可避免地就会陷入似懂非懂的尴尬境地。

建筑这门学问，在理解之后其实可以变得非常有趣。好不容易有了兴致，却在查询理解的步骤受挫然后放弃，实在是太可惜了。究竟能否化繁为简，将建筑的乐趣传达给更多的人呢？

正是出于这种想法，本书得以问世。

建筑究竟是——

"何人为何事而建造？"
"时代背景是怎样的？"
"建在怎样的地方？"
"和之前的建筑有什么不同？"
"到底有什么了不起的？"

了解了这些，建筑也会变得焕然明朗，充满乐趣。

因此，本书将以建筑术语作为切入点，探讨建筑的一系列"为什么"和"前后联系"，通过通俗易懂的语言，笔触柔和的插图，一边列举实际的建筑一边解说，以便各位发挥想象。

"建筑术语"既是明快的口号，也是书中的重要内容，文章的构成可以让读者在阅读时轻松理解各条术语，这也是本书最大的特征。

另外，对于新事物，一旦构建起框架，剩下的内容就更易于理解。因此我们尽力将各个章节相互串联，在一册读物中勾勒出从古至今的西方建筑史，希望本书作为历史性读物也能让人乐在其中。

在所附的"西方历史年表"中，我们联系世界的形势变迁和中心事件，简要介绍了影响历史脉络的相关重要人物，以便大家把握建筑业界之外的历史背景。此外，我们还在其中标注了各种建筑样式流行的时期，以便清晰呈现出建筑发展与历史进程间的关系。"西方建筑地图"以世界遗产为首，展示了文中各种建筑的所在地，也可以作为旅行计划的大致目标。为了弥补本书叙述的不足，提供更多深入探索的空间，书末也记载了相关的参考文献。

我想，如果能配合《日本建筑图鉴》一同阅读，就能够更深刻地感知到世界建筑间的相互联系。书中的表现形式主要面对爱好建筑的广泛大众，也希望行业专家多加包容。

我们的祖先智人，大约诞生于 20 万年前的非洲，为寻找更适宜生存的土地而踏上征程，一路扩展到了全世界。

建筑也与人类一同诞生，经历了悠久的岁月，在这趟征程中为满足时代的需求不断发展。

从事建筑的人们往往受到各类事件的影响，应时代和掌权者的要求，在时代中沉浮，也在思想和技术上不断创新，描绘着最新的建筑。

建筑是映照历史的一面镜子，也是凝聚人类智慧与心血的产物。建筑承担着一部分解决社会问题的责任，也是开拓未来新知活动的一环，作为源流孕育着新的文化。

我们在城市中、在照片里、在旅途上看到的每一座建筑，都被各种不可见的丝线相互连接，成为

人类构筑的宏大建筑故事的一页。

看过了建筑、了解了术语，如果还能领会隐藏的背景以及建筑的精彩之处，甚至能想象出与世界的联系，那就再好不过。

希望读完这本书的你，能够发现建筑与此前不同的一面，并将这份喜悦传播开来。可以试着在建筑相关的闲聊中一展身手，这样平常的起居室或休息室也许会奇迹般地成为触发知识与好奇心的剧场，时而洋溢着喜怒哀乐，时而又会引起阵阵捧腹大笑。

如今，全球化不断发展，如果掌握了世界建筑的相关知识，今后一定会在某处派上用场。在被问到建筑究竟有什么乐趣时，如果这本书也能够成为答案之一，我们会倍感喜悦。

旅行需要辗转各地，而通过书本了解建筑，则是一趟无须移动的旅行。

请允许我们在解释建筑术语的同时，向大家介绍一些极富美感的、优雅且具有魅力的西方建筑。

那么，就请翻开书页，开启一趟周游世界的建筑之旅吧！
希望大家的人生能变得更加丰富和具有乐趣。

作为著者代表
杉本龙彦

西方建筑图鉴

目录 CONTENTS

写在前面

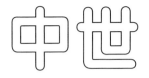

近代

现代

古代

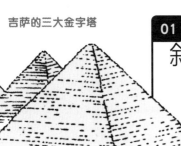

吉萨的三大金字塔

01

斜坡建造高手的杰作！
金字塔之谜
吉萨的三大金字塔（公元前2500年前后）

金字塔从前往后依次属于法老胡夫、哈夫拉、门卡乌拉

相关·笔记 埃及神庙、山岳台

人物·设计者 法老胡夫、哈夫拉、
门卡乌拉

垒砌是建筑的起源之一。

然而，一些建筑在建造时使用的垒砌手法，即便是经历 4500 余年漫长岁月之后的如今，仍是谜团重重。

我也可以做出来

这就是当之无愧的"人类瑰宝"，金字塔！

北至埃及开罗北部，南及苏丹境内，金字塔散布于尼罗河畔绵延 1500 公里以上的广阔地域，3000 年间建成的总数不少于 300 座。

围绕金字塔有着诸多谜团和假说，其中不乏在日后被证实与事实不符的说法……

然而，随着科学技术的进步，以及详细调查研究的开展，金字塔的层层面纱已经被逐渐揭开。就让我们借此机会，以规模位列世界之首的胡夫金字塔为例，一同来领略一番其中的奥秘吧。

金字塔石悬浮建造之说！

嘿

这不太现实吧……

诸多见解中最令人信服的一种是，尼罗河西岸仅有金字塔伫立，而供建设者们居住的城市则建造在彼岸，即太阳升起的东岸。由此推测，金字塔建造用的石材也是特意从东岸搬运而来。此外，公元前 5 世纪前后，古希腊史学家希罗多德曾留下这样的记述："胡夫王穷凶极恶，奴役人民并施加繁重的苦役。"在很长一段时间里，人们都对这样的描述深信不疑。但是，随着发掘和调查工作不断深入，竟然在临近金字塔的区域发现了金字塔城（1989 年）！

街道上遍布着工人们居住的营舍、工坊、仓库、物品管理所、高级官员居住的宅邸等。此外，陵墓的壁画上还可以发现享用面包、啤酒、肉食和蔬菜的记录，从相关的遗物和圣书体（古埃及象形文字的一种）记录中可以看出，他们非但不属于奴隶，反而是充满喜悦地投身到整个建造过程之中！

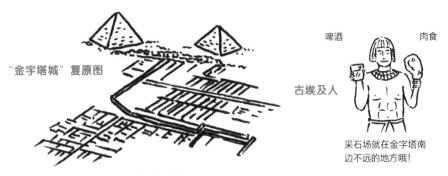

"金字塔城"复原图

啤酒　肉食

古埃及人

采石场就在金字塔南边不远的地方哦！

接下来，就是最令人好奇的谜团：
"沉重的石材是如何被搬运到金字塔上端的呢？"
最具说服力的是这四大类假说。

直线坡道假说

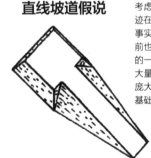

考虑到残留工程遗迹在多处被发现的事实，这一假说目前也是最令人信服的一种，只是需要大量的建筑材料和庞大的劳动力作为基础才可能实现

螺旋坡道假说

以"直线坡道假说"为基础，如果将便于石材搬运的 10 度以下设定为坡道角度，得出的坡道长度为840 米。于是，人们得出了缠绕在金字塔外侧的"螺旋坡道假说"

曲折坡道假说

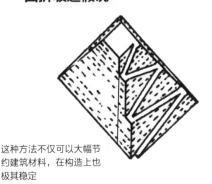

这种方法不仅可以大幅节约建筑材料，在构造上也极其稳定

直线 + 螺旋坡道假说

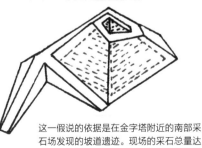

这一假说的依据是在金字塔附近的南部采石场发现的坡道遗迹。现场的采石总量达到 276 万立方米，与胡夫金字塔中使用的石材总量 265 万立方米基本一致！

在构建假说时，最重要的一点就是"避免使用未来的道具"。举例来说，虽然使用滑轮装置可以使石材的搬运更为轻松，但这类装置在古埃及时代还未被发明出来。随着调查中事实的不断积累，人们也在一点点逼近真相。

滑轮装置

古埃及时代还根本
没有出现呢……

虽然滑轮有利于搬运重物，但是后来才被发明出来

曾经还有一种假说提出，金字塔可能并非陵墓。然而，金字塔中出土了数具古埃及法老木乃伊，而埋葬所需的石棺、壶与黄金制品等也接连从玄室出土，浮雕与碑文上还记录着仪式过程等。可以说，这一误解的产生，是由于将金字塔看作公共事业的说法影响过于广泛，以至于被误解为建筑意图本身。

除此之外，近几年来，调查与研究工作不断有新的进展，例如源自埃及最古老的法老胡夫时代的纸莎草卷（日志）的发现，以及胡夫金字塔内部巨大空间的发现等。

然而，关于金字塔真正的建造方法，现在还无法最终断言。不过，事实与假说的交织，也正是历史建筑中最富趣味的一部分。尝试解答没有答案的问题，这也是建筑的魅力之一吧！

巴别塔

02

不知疲倦地
堆叠出巴别塔 山岳台

乌尔山岳台（公元前2100年前后）

画家彼得·勃鲁盖尔在画作《巴别塔》（1563年）中，对人类的傲慢和盲目自信敲响了警钟

相关·笔记 埃及神庙、金字塔

人物·设计者 ——

对于人类来说，建筑物的建造是因为什么，又是怎样开始的呢？人类始祖大约诞生于距今 700 万年以前，而直系先祖（智人）的出现大概是在距今 20 万年以前。在美索不达米亚地区，农耕文明起始于约 1 万年前，这里也被认为是人类史上第一个从事农耕生产的地区。而在大约 6000 年前，这片土地孕育了四大古代文明之一的美索不达米亚文明。

所谓"从事农耕生产"，也意味着人们需要可供定居的住所，换句话说，对于建筑的需要产生了。此外，对于极其重要的粮食资源，用于储藏的仓库（建筑）也必不可少。在美索不达米亚北部的哈苏纳地区发现的房屋遗址，其历史可以追溯到公元前 6000 年左右。

我的住处特别简易，反正很快就会迁移

因为会长期定居，所以还是想认真建造

游牧文明时的样式 ⟷ 农耕文明时的样式

对于庄稼的收成来说，气候条件至关重要。除此之外，像瘟疫这类当时人类还无法干预的不可控因素也不在少数。于是，在公元前 2700 年前后，首先迈入城邦国家历史进程的苏美尔人（被认为是生活在美索不达米亚地区，创造了世界上最古老文字的先民）建造了规模巨大且气势宏伟的祭祀设施，用于向神明祈祷。重点在于这些建筑在建造时，使用的是当地易于获得的自然材料。

建造所用到的原料（自然材料）是泥土。与水混合后在太阳下自然干燥，就成了土坯砖！

在这段时期，人们还充分利用砖的形态与特性，将叠涩拱结构运用在建筑中。可以看出，建材、结构与施工方法往往是由原料决定的。

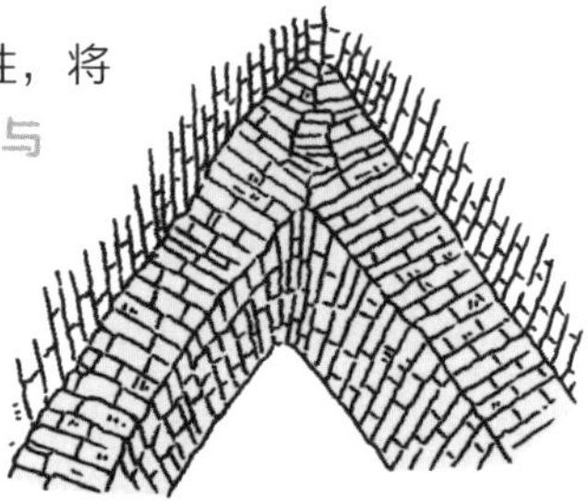

接下来，由土坯砖

堆叠而成的庞然大物，

正是这座乌尔山岳台！

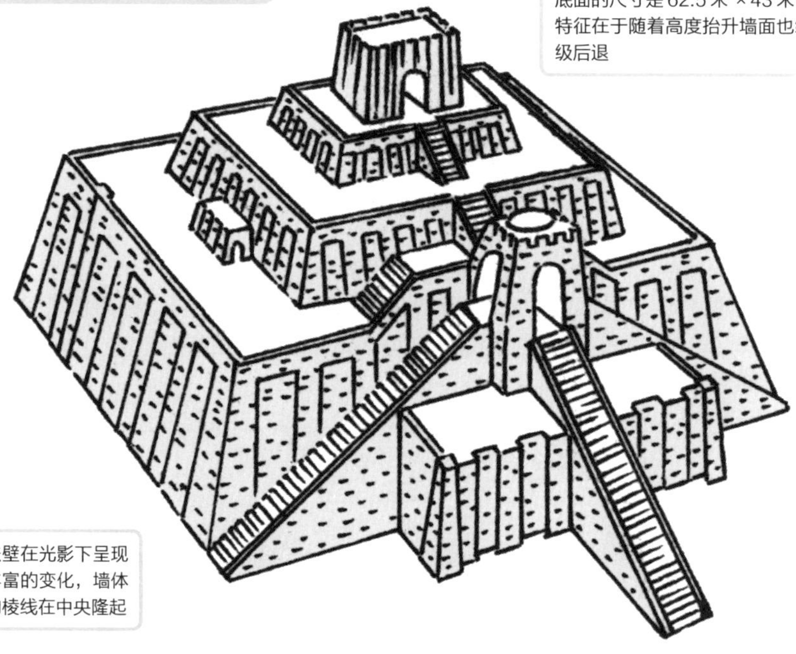

叠涩拱

底面的尺寸是 62.5 米 × 43 米，特征在于随着高度抬升墙面也级级后退

扶壁在光影下呈现丰富的变化，墙体的棱线在中央隆起

乌尔山岳台（复原图）

乌尔山岳台原是一座圣塔，也是乌尔主神南纳（月神）神庙的一部分。山岳台"Ziggurat"原意是指"高处"，乌尔山岳台也即"建造在乌尔的高大圣塔"。令人遗憾的是，遗迹只留下了基坛，上层建筑已经不复存在，但是可以想象，从远方隔着辽阔平原可以遥遥望见的这座圣塔，一定能够使人们领略到神灵至高无上的威严。

此外，山岳台和圣经之间也有着千丝万缕的联系。

《圣经·旧约》的篇章《诺亚方舟》之中，描写上帝愤怒于人的罪恶，降下洪水作为惩罚，而在美索不达米亚的神话《吉尔伽美什叙事诗》中，也有着同样的记载。事实上，在山岳台还留有洪水的痕迹。

等一下，圣经到底是什么呢？

这是个好问题。
如果简单来说的话……
在基督教中，《圣经·旧约》讲述耶稣基督"出生前"的故事，而《圣经·新约》则描绘耶稣"出生后"的故事！

B.C.
Before Christ

A.D.
Anno Domini

旧約

新約

公历的计算也是以基督教为基础的

诺亚方舟

洪水停息之后不久，人类开始建造通天之塔，又使上帝愤怒。为了使人类不能再为所欲为，上帝使人分散于各地，语言也互不相通，高塔的建设才宣告终结。
话虽如此，实际上高塔还是被建造起来……
没错，这正是"巴比伦的山岳台（巴别塔）"！

建造顺利实施，巴别塔的故事看似只是危言耸听，然而，美索不达米亚文明（城市）却在不久后分崩离析。由于美索不达米亚平原地势平缓，土壤肥沃，自古以来农耕就十分发达，人们聚集在一起形成聚落，城市以及类似于山岳台的纪念性建筑也在很早就诞生了。
然而，正因为资源丰富，各种民族以掌握霸权为目标相互敌对，整片地区也是纷争不断。

由于权力相争或是资源枯竭，城市繁华不再而国家也最终覆灭。在人类漫长的历史当中，类似的戏码总是重复上演。巴别塔作为这一循环的象征，也给予我们一个契机去重新思考人与自然间可持续发展的必要性。

卡纳克阿蒙
神庙柱厅

巨柱林立，营造出
庄严的氛围

03 古埃及神庙中祈祷的轴线与压倒性的体量感

卡纳克阿蒙神庙柱厅（公元前1303–前1224年）
孔斯神庙（公元前1166–前1004年前后）

相关·笔记 金字塔、希腊神庙
人物·设计者 塞提一世、拉美西斯二世

在古埃及 3000 年的光辉历史中，最为璀璨的文明诞生于公元前 15 世纪前后的新王国时期。

在这一时期，作为能够与金字塔比肩的重要建筑，埃及神庙被接二连三地建造起来。当时人们建造的神庙究竟是怎样一副模样呢？

首先，柱梁结构以石块建造。

然而，由于延续了剪力墙结构（砌体结构）的手法，所以立柱与横梁在同一平面之内，再加上屋顶也是石块架设，跨度（柱与柱的间距）十分狭小，这是特征之一。

随着时代发展，柱与梁的结构形式逐渐成熟，但整体构成依旧十分简洁，例如在孔斯神庙中，柱头与梁共面，柱身与柱头相切。至于柱与梁开始分节，并升华为美的象征，还要等到希腊神庙中柱式的诞生（参照 05-06）。

像这样，古埃及神庙在结构上的细节并不丰富，但柱身的装饰却是精雕细琢！

孔斯神庙的柱、梁

或许是由于每个部分都体积巨大，给人带来了厚重庄严的印象

柱身雕刻

以线条作为装饰，柱身上雕刻着纸莎草的花蕾和花朵，以及枣椰树的叶片

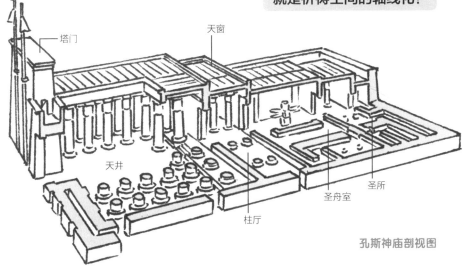

古埃及神庙最大的特点
就是祈祷空间的轴线化！

塔门

天窗

天井

圣所

圣舟室

柱厅

孔斯神庙剖视图

通过孔斯神庙的剖视图可以看到，从斯芬克斯大道经过塔门后，天井、柱厅、圣舟室及圣所整齐地排列在轴线上。随着行进的方向，地面逐渐升高，天花板的高度则逐渐压低。虽然空间的大小与明暗不断交替，但对轴线的塑造仍然不言而喻。与后述古希腊神庙的明快构成不同，古埃及神庙的特征在于空间的层次感以及轴线的若隐若现。

在古埃及建筑，有一点是十分明晰的，那就是无论在微观还是宏观层面，方位（方向）所指示的自然轴线都是重点所在。

吉萨的三大金字塔都是四边正对东西南北四方，如果把胡夫金字塔和哈夫拉金字塔的东南角连接后作延长线，就会恰好穿过太阳信仰的发祥地赫里奥波里斯，并且与其正中的方尖碑几乎相重合。

或许可以说，古埃及人意图将重要的地点以轴线相互连接，以此来建立与神明之间的联系。

吉萨的三大金字塔

方尖碑
（赫里奥波里斯）

卡纳克神庙的方尖碑
（象征太阳神的石柱）

欧洲各地的方尖碑都起源于古埃及

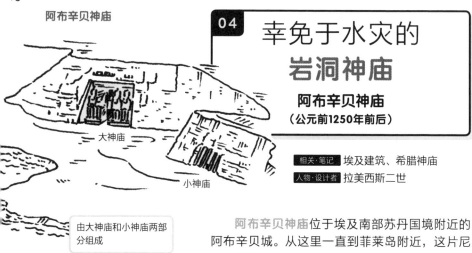

阿布辛贝神庙

大神庙

小神庙

04 幸免于水灾的
岩洞神庙

阿布辛贝神庙
（公元前1250年前后）

相关·笔记 埃及建筑、希腊神庙
人物·设计者 拉美西斯二世

由大神庙和小神庙两部分组成

　　阿布辛贝神庙位于埃及南部苏丹国境附近的阿布辛贝城。从这里一直到菲莱岛附近，这片尼罗河流域古埃及文明遗迹被统称为努比亚遗址。

　　阿布辛贝神庙是一座岩洞神庙，是从砂岩山体中凿建而成，由大神庙与小神庙两部分组成。大神庙中是新王国时期法老（王）拉美西斯二世的 4 尊雕像，卡纳克神庙（参照 03）也是由他下令建造的。小神庙献给哈托尔女神和奈菲尔塔利王妃，6 尊雕像中，4 尊拉美西斯二世雕像和 2 尊奈菲尔塔利雕像交替排列。

大神庙祭祀太阳神拉

　　大神庙的 4 尊雕像都是拉美西斯二世像，左数第二尊在神庙完成后因地震崩塌，雕塑的头部坠落在附近。

　　脚底的台座上雕刻着拉美西斯的家族成员。

小神庙祭祀女神哈托尔

拉美西斯二世　奈菲尔塔利　拉美西斯二世

这是一座从砂岩山体中雕凿而成的岩洞神庙

朝阳照亮47米长轴线之上的神像

令人惊叹的是神庙的空间设计，一年之中仅在拉美西斯二世出生之日（2月22日）和即位之日（10月22日）这两天，阳光可以照进神庙最深处的圣殿，并且在内部的4尊神像中，除冥神普塔哈以外的3尊神像恰好会被照亮。遗憾的是，由于后来神庙位置搬迁，这两个日期也不再精准。

那么，搬迁的原因是什么呢？

从神庙入口到最深处的神像大约有47米的距离。朝阳升起时，整条轴线上的雕像都会被照亮

搬迁工程成为"世界文化遗产"成立的契机

在当时，随着尼罗河阿斯旺水坝的建设，阿布辛贝神庙面临着被水淹没的危机。

为了拯救珍贵的遗迹，联合国教科文组织向世界各国发起呼吁。在1963年后的5年之内，神庙被转移到了水坝形成的人造湖纳赛尔湖畔。与原址相比，迁移后的神庙在海拔上升高了60米左右，与尼罗河远离了大约210米的距离。

有了现代技术的支持，遗迹背面的山冈通过混凝土的圆顶结构支撑加固。

为了顺利迁移，神庙被切成小块的石材搬运，总数量据说多达1036块。这件庞大立体拼图每一块的重量都被控制在20吨以下，通过起重机和卡车运送到新址。也是以这一工程为契机，致力于保护文化遗迹和自然遗产的"世界文化遗产（联合国教科文组织）"诞生了。

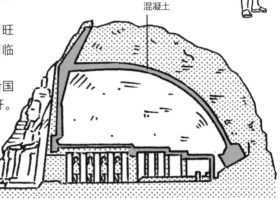

混凝土

迁移后，通过混凝土加固（剖面图）

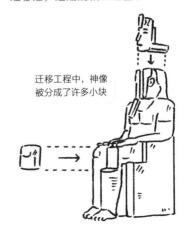

迁移工程中，神像被分成了许多小块

05

建筑美在古希腊神庙达到极致

帕特农神庙（公元前447–前432年）

帕特农神庙

相关·笔记 埃及神庙、穹顶、柱式

人物·设计者 伊克蒂诺斯（Ictinus）、卡利卡蒂斯（Callicrates）

在面对建筑时，各位是否有过美的感受呢?

对于生活在距今约3000年前的古希腊人来说，建筑之美是值得动用一切时间、劳动力与知识去追求的事物。特别是帕特农神庙，用于祭祀希腊神话中雅典的守护女神雅典娜，其重要性不言而喻。

此外，初期的希腊神庙大多使用木材，而帕特农神庙展示了建筑体系从木造向石造转变的历程，因此作为历史遗迹也有着极大的价值。

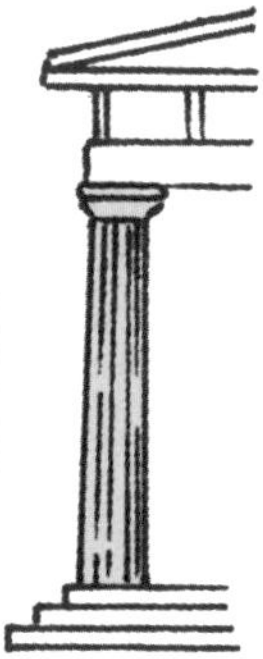

首先，柱式（order）是希腊神庙中最为重要的建筑要素。以立柱为中心，基座到山花结合成一个整体。

希腊柱式分为多立克柱式、科林斯柱式、爱奥尼柱式3种（参照06）。

接下来，以柱式（柱径）为基础，以模数（modulus）为单位长度，诞生了一整套尺度体系。以这样的比例关系为依据建造整座建筑的手法，被认为是均衡（symmetria）的体现（参照06），从构件的尺寸出发，“为整座建筑赋予秩序”。

像这样，以柱式、模数以及重视整体均衡的建造手法为基础，希腊神庙建筑中最为杰出的作品诞生了，这就是……

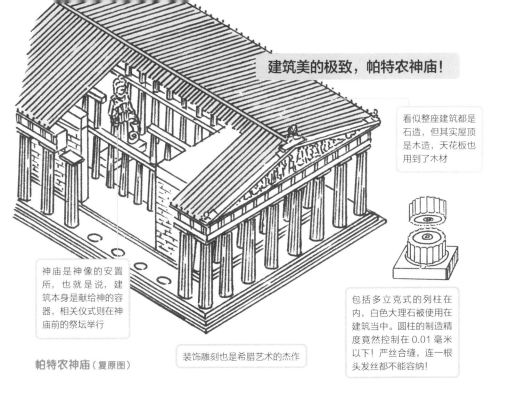

建筑美的极致，帕特农神庙！

看似整座建筑都是石造，但其实屋顶是木造，天花板也用到了木材

神庙是神像的安置所，也就是说，建筑本身是献给神的容器，相关仪式则在神庙前的祭坛举行

装饰雕刻也是希腊艺术的杰作

帕特农神庙（复原图）

包括多立克式的列柱在内，白色大理石被使用在建筑当中。圆柱的制造精度竟然控制在 0.01 毫米以下！严丝合缝，连一根头发丝都不能容纳！

　　帕特农神庙中，圆柱的直径与比例，以及立柱高与梁高之比，都达到了绝妙的均衡。圆柱的排列上设计了细微的偏差，这是因为过于强调完美的建筑会给人以死板、冷漠的印象，于是设计者故意避开了这种处理。从瑕疵中更能够体会到这座神庙的伟大。

将视觉矫正夸张扩大后的表现图

　　值得关注的一点在于，虽说比例是最重要的原则，但最终效果还需要通过视觉矫正进行调整，以使建筑在人的观感中呈现出最美的形态。简单来说，长条状的水平构件"如果在物理上保持水平，则在人眼中会感受到中央微微下沉"，因此设计时特意让中央微微隆起，同样的手法在立柱上也可以看到。

　　希腊人创造出柱式，赋予建筑整体的美感。也就是说，希腊神庙的本质，正是以柱式美学为依据达到的调和与比例的巅峰。

　　另一方面，石造的柱梁结构则是继承了埃及神庙的做法。建筑时常在文化上相互联系，受到彼此影响的同时不断发展。以史为鉴能够看到未来，这也是温故知新的一种体现。

　　从希腊时代走进罗马时代，建筑又会有怎样崭新的变化呢，敬请期待！

**帕埃斯图姆的
波塞冬神庙**

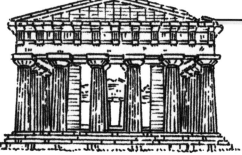

**06 通过柱式与模数
希腊与日本遥相呼应**

帕埃斯图姆的波塞冬神庙
（公元前460年前后）

相关·笔记 希腊神庙、柱式、穹顶、
文艺复兴

人物·设计者 ——

　　关于希腊神庙柱式体系中的各个
部位的名称与特征，以及平面设计中
起到关键性作用的模数，在这里还想
做进一步的说明。

　　首先，柱式的种类可以通过柱头简单辨认。古希腊的
柱式共有以下 3 种。

> ❶**多立克柱式**——在像馒头一样的圆形部
> 分上方叠放正方形的石板，形状十分简洁。柱身
> 粗壮有厚重感，朴素却给人以严谨威严的印象。
> ❷**爱奥尼柱式**——柱头两侧有旋涡状的装
> 饰。比起多立克柱式更为轻盈明快。
> ❸**科林斯柱式**——以莨苕叶为主题的装饰
> 华丽地装点着柱头。在三种柱式中呈现最为纤
> 细柔美的风格。
>
> *古罗马柱式体系中加入了托斯卡纳柱式和组合柱式，
> 合计为5种。

❶多立克柱式　❷爱奥尼柱式　❸科林斯柱式

统一柱径下各柱式的比例

　　像这样，每种柱式都有着自己独特的
风格，因此，通过使用不同的柱式，建筑
物的整体氛围也会有极大的转变！

> 柱式各部分的名称一直延续
> 到后来的古罗马、罗马式和
> 哥特式建筑，甚至是更往后的
> 建筑样式之中，记下来会很有
> 帮助！

波塞冬

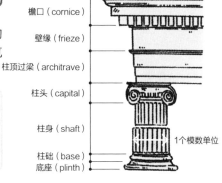

檐口（cornice）
壁缘（frieze）
柱顶过梁（architrave）
柱头（capital）
柱身（shaft）
1个模数单位
柱础（base）
底座（plinth）

以模数单位为基础构成的柱式

希腊神庙平面设计图

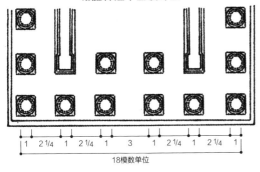

| 1 | 2¼ | 1 | 2¼ | 1 | 3 | 1 | 2¼ | 1 | 2¼ | 1 |

18模数单位

唐招提寺（日本）的柱跨尺寸设计图

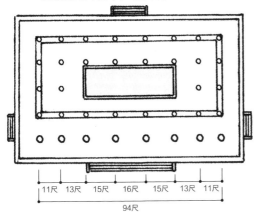

| 11尺 | 13尺 | 15尺 | 16尺 | 15尺 | 13尺 | 11尺 |

94尺

另外，随着建筑物规模逐渐增大，还发展出了将高度适当压低以调整平衡的方法。

在希腊和日本，建造都不意味着单纯的"按比例行事"，而是反复对建筑各个部分进行微调，以求最终达到和谐的技术与智慧。

希腊使用石材，日本则是木材。

尽管如此，两者却制定了类似的基准，建立了各部位的比例体系，以追求整体的平衡。并且，比起数值上的精确无误，人们更重视对于美的实际感受。这些共通点都不乏趣味。接下来，诉诸人类真实感受的建筑也将陆续登场！

接下来介绍一下平面设计中的模数理论。在大部分情况下以柱径为1个模数单位，柱间的跨度均由这一数值的倍数或简单分数构成。

如果回头看看日本的建筑，会发现建筑物的平面设计直接通过柱心的位置来标识，度量尺寸时则以尺⊖作为基准。

在柱式体系中，随着柱径改变，其他各部分的尺寸也随之改变。两相比较，唐招提寺依据柱心的绝对位置进行设计，希腊神庙则关注柱与柱之间的相对距离。

但无论如何，两者在决定建筑各个部位详细尺寸的方法上依旧有很多相似之处。比如在日本的木造建筑模数体系（木割法）中，也是参照柱径来决定其他建材的尺寸。

以柱径为基础决定各种截面大小

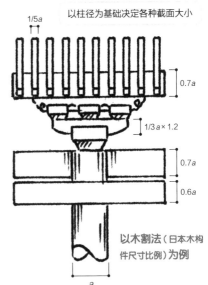

1/5a

0.7a

1/3a×1.2

0.7a

0.6a

以木割法（日本木构件尺寸比例）为例

a

⊖ 1尺 =0.33 米

伊瑞克提翁神庙（模拟神像的女像柱）

07 宗教建筑的起源与圣地

伊瑞克提翁神庙（公元前421–前405年）

相关·笔记 犹太教、基督教、伊斯兰教
人物·设计者 ——

面对超越人类认知的自然恩惠或是震慑人心的景象时自发的祈祷，是宗教的起源，祈祷的对象被称作神明。

那么，宗教究竟是在何时何地、以怎样的形式开始的呢？

从远古时代，人们已经将巨木、巨石、山川、湖泊、泉水等作为神灵之力寄宿的对象进行崇拜。就是这些被视为神圣的自然对象，在后来孕育出了用于祈祷的特定场所。

到了美索不达米亚时代，作为拥有神格的神圣存在，神像被创造出来。为了祭祀，当时的人们还建造了以山岳台为代表的永久性祭祀设施。从此，专为祈祷而生的建筑物登上了舞台。

美索不达米亚的神像

古埃及时，多神教开始发展，每个村落都拥有自己的守护神。不仅如此，还出现了太阳神拉，以及诸多以动物的姿态出现的神，这一点十分有趣，类似于日本八百万神灵的说法。从这一时期开始，人们为祭祀众神的神庙架起屋顶，方位与用于祈祷的轴线在建筑中受到了极大的重视。

将犬类神格化为赛特神

到古希腊时代，宙斯、波塞冬、赫拉克勒斯……诸神在希腊神话中纷纷登场。希腊的神庙主要用于安放神像，而非供人进入，因此外观尤为重要，建筑也通过柱式体系与比例关系发展为美的化身。

古罗马时代的特点在于，宙斯、阿芙洛狄忒等诸多古希腊神明也在信仰之列！神格间并不产生矛盾冲突，而是逐渐相互融合（折衷不同信仰体系中的诸神与教义）。

古罗马的神庙在吸收古希腊建筑之美的同时，将其升华为内部空间丰富的建筑艺术！在这一时期，巴西利卡与穹顶得到了发展，在后来成为基督教建筑的基础。

万神庙的壁龛被认为曾用于安置神像

在基督教建筑之前，还必须谈及三个重要的一神教（认为神并非数量众多，而是唯一一位），它们都以耶路撒冷为圣地。是的，这三种宗教分别是犹太教、基督教和伊斯兰教。

六芒星被认为是犹太民族的象征

首先提到的是犹太教。作为教典的旧约圣经讲述犹太人的故事，也就是说，犹太教是一种民族宗教。

祈祷在犹太教堂进行。由于犹太教严禁偶像崇拜（塑像等将祈祷对象可视化的行为），教堂内多用装饰和象征性符号。

公元 3 世纪以后，基督教以空前绝后的速度扩散开来。这是在耶稣基督死后，由他的门徒所创立的宗教。耶稣为名，基督则意为"救世主"，基督教继承了犹太教一神教的源流。

最后的晚餐

基督教的教典包括旧约圣经与耶稣的门徒（画作《最后的晚餐》中描绘的弟子们）写下的新约圣经。

事实上，基督教最初也禁止偶像崇拜，但很快这一戒律就被打破。这是因为"向一切民族推广教义被视为美德"，而使用图画与雕像来做说明是最有效率的传达方式（即使不识字也能够理解）。基督教简单易懂，且没有严格的戒律，很快就在全世界扩散开来。

基督教建筑以祈祷为表现主旨，不断发展成为适宜进行典礼的空间（巴西利卡、集中式教堂等，在之后的章节会详细解说）。

第三种宗教是伊斯兰教，唯一的神被称为真主。

人们在清真寺进行祈祷。斋月的仪式十分出名。另外，由于禁止偶像崇拜，植物、几何纹样与文字成为表现的主题。

在现代，宗教作为对立与纷争的要因时常被提及……

但是，宗教本是重要的心灵支柱，能够给予人们超越时代的安宁与抚慰。宗教建筑凝聚着许多时代的智慧、技术与经济实力，具有震撼人心的力量，也是崭新文化的源泉，这一点值得我们铭记。

清真寺 几何纹样装饰

罗马斗兽场

08

雄伟的**古罗马建筑**
将装饰柱式推向巅峰

罗马斗兽场（公元72-80年前后）

相关·笔记 希腊神庙、柱式、穹顶
人物·设计者 韦帕芗、提图斯

为了构筑和巩固强大的帝国，勤恳劳作的人手不可或缺。然而，仅仅只有工作的生活并不能令人满意。为了治理居住在城市的大批民众，古罗马实施食粮和娱乐的供给政策（也被讽刺为"面包与马戏团"）。在建成的一批娱乐设施中，最具代表性的就是剧场。

每天就只有工作，真没意思！

劳作的罗马人　**罗马皇帝**

道路和水道设施还远远不够啊……
要不建造一座娱乐设施来安抚民众吧……

最早在古希腊时代，剧场已经被建设起来。以埃皮道罗斯剧场为代表，古希腊剧场在建造时大多擅于利用原本的地形倾向。然而到了古罗马时代的剧场，人们利用拱、拱顶（将拱连续成为筒状，参照10）将观众席、舞台与背景融为一体，这一时期剧场的大部分结构都是人工建造的。

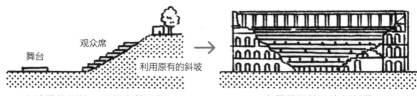

舞台　观众席
利用原有的斜坡

古希腊的剧场：利用自然地形　　　　**古罗马剧场：人工结构**

其实从结构上来看，仅用拱与拱顶就足以达到建造要求，但在审美感受上，古罗马人并不满足于此。

他们决定，将希腊神庙的柱式体系与拱券结构融为一体！

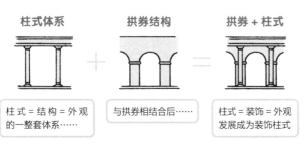

柱式体系　　　**拱券结构**　　　**拱券＋柱式**

柱式＝结构＝外观的一整套体系……

与拱券相结合后……

柱式＝装饰＝外观发展成为装饰柱式

柱式摆脱了建筑结构的制约，全力承担起对建筑的美感塑造。这种类型的大规模建筑达到最高峰是在……

可容纳 5 万人以上的惊人规模

气势磅礴的罗马斗兽场！

呈现建筑之美的柱式体系（order），从第一层向上分别采用了多立克式半圆柱、爱奥尼式半圆柱、科林斯式半圆柱以及科林斯式壁柱（附着于墙壁的立柱）

顶部使用木材，一、二层则将大理石与更为昂贵的材料区分使用，根据身份高低设置了不同等级的观众席

镶嵌木板的竞技场（arena）下是储藏器具和安置猛兽的房间，同时也作为后台（backyard）使用，可以将角斗士引导至预定的出场位置

通道配置与动线设计能够将观众有序高效地引导向相应座位

尽管是诞生于大约 2000 年前的建筑，设计上却显得井井有条。从中可以明显感受到对于技术的系统化整理和对于劳动力的集约化统治。

柱式体系与建筑整体的关系

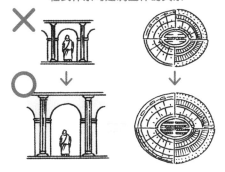

设计上的重点在于，即便脱离了结构的制约，柱式仍会对整体结构的尺寸产生很大影响。在柱式体系中，尺寸是根据比例公式来决定的。由于柱式依附于拱券之上，比如仅仅是改变过道或天花板的高度，整个建筑体的比例平衡也都会随之改变。

拱廊的高度与观众席的倾斜程度也密切相关，而一旦将拱廊压低，柱上楣构（柱子支撑的水平条带）的高度也会随之降低。像这样，各部分间的比例调整必须反复数次。

此外，由于罗马斗兽场的平面是一个椭圆形，将各个部分完全整合是极度困难的工作。斗兽场的建设展现出古罗马庞大的财政基础，其雄伟的姿态已然成为象征皇权的纪念碑。将装饰柱式运用到极致的罗马斗兽场，作为一部具象化的教科书，对后世建筑师们产生了极其深远的影响。

古罗马帝国强盛至此，仍然避免不了在公元 476 年覆灭。时代总在不断变迁更替，霸权也在国家之间流转迁移，而建筑的新技术和新类型往往也伴随新的时代诞生。接下来让我们观察一番古罗马人的日常生活，再一同欣赏混凝土建造的巨大穹顶！

多姆斯内部天井

09

天井成为古罗马人的绿洲!

庞贝多姆斯（公元79年维苏威火山喷发）

相关·笔记 古罗马建筑、多姆斯　　人物·设计者 ——

　　古罗马人的生活状态是怎样的呢？当时的住宅被称为**多姆斯**（社会中上层阶级的都市住宅），**天井**作为建筑要素几乎必不可少，其特征在于中央放置**水槽**（impluvium），屋顶开设**天窗**（compluvium），向天空敞开。说到古罗马时代，不得不提的就是各种公共建筑和浴场，城市中可以说是水道遍布，而在设施不完善的地区，也不乏将雨水作为生活用水的家庭。此外，多姆斯采用了邻家两户**共用墙壁**、并排排列的形式，因此墙壁并不开窗，仅仅利用**天窗洒下的自然光**进行采光。

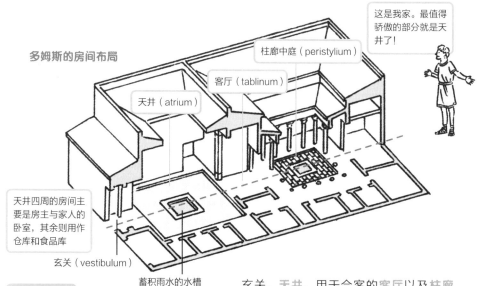

多姆斯的房间布局

柱廊中庭（peristylium）

客厅（tablinum）

天井（atrium）

这是我家。最值得骄傲的部分就是天井了！

天井四周的房间主要是房主与家人的卧室，其余则用作仓库和食品库

玄关（vestibulum）

蓄积雨水的水槽（impluvium）

天井空间

为密集的城市住宅

带来了水与阳光

　　玄关、**天井**、用于会客的**客厅**以及**柱廊**中庭，全部维持在一条直线上。这样的形式使入侵者极易被发觉，管理也很方便，还能够向来客展示家中财富。

天井常常是人们聚集的场所

在天井中摆放着座椅和日用器具，墙壁上则描绘着生活场景、植物和建筑等，这些富有艺术性的精美画作在之后被称为庞贝四样式。天井空间常常对外开放，以便市民们齐聚一堂，主人也时常会邀请客人到此聚会。

天井的屋顶向天空敞开天窗（compluvium）

装饰绚烂的天井空间中人们的日常生活

留下大量多姆斯遗址的庞贝古城

庞贝城曾是意大利那不勒斯近郊一座繁荣的城市。公元 79 年维苏威火山喷发，一瞬间将整座城市埋在了地下。正因如此，这里的多姆斯大多以原本的样貌出土，成为珍贵的历史遗迹。

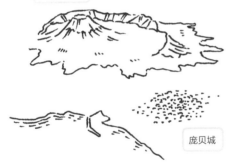

维苏威火山

庞贝城

庞贝古城的多姆斯

外科医生之家
（公元 4 年前后）

最古老的住宅之一。柱廊中庭还没有出现，生活主要以天井为中心。

萨尔提斯之家
（公元 4 年前后）

列柱出现在天井与客厅的前端，被视为柱廊中庭的原型。

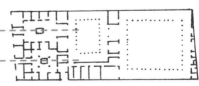

瓦努斯之家
（公元 2 年前后）

有两处入口和两个不同形式的天井。示意图上端的天井一般被称为托斯卡纳式天井，下端则被称为四柱式天井。

■：表示天井的位置

几乎每处住宅内部都有天井，以及贯穿天井的轴线

万神庙

10

古罗马穹顶
将世界纪录维持千年！

万神庙（公元118-128年）

相关·笔记 古罗马建筑、柱式、混凝土
人物·设计者 哈德良皇帝

在掌握了地中海霸权后的古罗马帝国，为彰显国威，用于祭祀众神的罗马神庙必须能够体现最为先进的技术与最为新颖的艺术性。然而，在古希腊盛行的条石砌体结构并不是完美的选择。

顺带一提，古罗马的信仰是多神教而非基督教哟！

哈德良皇帝

条石砌体结构的缺点

材料越长强度越小

石材原本就不抗拉力，并不适合在柱梁结构中使用……

砌筑之前的圆柱

为了能在砌筑时无缝衔接，需要大量的时间进行加工

针对这些问题，古罗马人发明了极为重要的建筑技术之一——拱券结构。

× **梁柱结构**

此前被广泛使用的梁柱结构，门洞尺寸越大，建造就越吃力

○ **拱券结构**

每块石材尺寸都不大，建造工程很轻松

拱顶

多个拱在连续时形成筒状拱顶

穹顶

拱在旋转一周后形成圆形穹顶

就在拱券蓬勃发展的时期，一种出乎人们预料的建筑材料出现了。这就是依照罗马式配方制造的混凝土，称为罗马混凝土！做法是在火山灰质的泥土中加入石灰、碎石块与草灰，混入清水搅拌均匀。接下来只要制作出模具，就可以自由控制建筑的形态。混凝土的这一特性与拱形构造完美契合，建成的建筑正是……

罗马混凝土的使用方法

混凝土（可塑性）

模板砖直接作为外装使用

建造混凝土墙壁时，模具必不可少，在古罗马模具主要使用砖块制成

立于罗马世界中心的宏伟穹顶, 万神庙!

圆孔的直径约 9 米

能够完整容纳直径 43 米的球体

柱式作为装饰附着在内壁上

万神庙内观

在最下层,墙壁的厚度达到整整 6 米!

顶部贯穿的圆孔直径约 9 米,阳光洒下,形成的圆形光斑随时间变化在墙壁上缓缓移动,仿佛将天体运行的规律呈现于眼前,这样的空间表现使人倍感戏剧性!

在万神庙,柱式的处理在重要性上与拱券、混凝土不相上下。

古罗马时代,拱券与混凝土成为主要结构,因此柱式已经失去了承担结构作用的必要性。

然而,古罗马人认为,从建筑美的观点出发,柱式体系与神圣的空间氛围最为相符,因此将其附在墙壁上作为装饰,这一形式在之后也得到了传承(装饰柱式)。这正是建筑的有趣之处!

万神庙的巨大穹顶在一千年以上的漫长年月里维持着世界第一的规模,直到 1436 年圣母百花大教堂(参照26)竣工。在日新月异不断发展的建筑世界,这一成就令人叹为观止。

古罗马人的世界观,与拱券(包括拱顶与穹顶)、罗马混凝土、装饰柱式这三样划时代的建筑要素相辅相成,成就了万神庙的伟大。它甚至升华成为艺术的一部分,作为建筑内部空间的遗存也是现存最为古老的一处,至今仍使全世界的人们为之倾倒。

万神庙平面图

万神庙剖面图

如果绕到侧面观察,可以看到圆形墙体中嵌入了许多拱券结构,以便自上而下传递荷载

圣撒比纳圣殿内部

呈现早期基督教建筑姿态的珍贵建筑

内部空间不产生交叉的三廊式简洁巴西利卡

11 基督教建筑从**巴西利卡**的改造开始

旧圣彼得大教堂（公元330–390年）
圣撒比纳圣殿（公元425–430年）

相关·笔记 拱券、古罗马建筑、初期基督教
人物·设计者 ——

公元313年，《米兰敕令》颁布，长期处于禁令之下的基督教终于被承认合法，加入信仰自由的行列。此前，由于一直受到迫害，基督教的礼拜集会往往借用私家宅邸和地下墓室进行。

这样的集会，终于随着基督教教堂这一崭新建筑形式的诞生，获得了合理正当的地位！

那么，教堂究竟是怎样的建筑呢？此时的基督教可以说是一种新兴宗教，即便出现前所未见的新奇形态也并不过分。

然而实际上，初期基督教建筑选择采用古罗马时代多功能式公共建筑的形式（用于会议或审判等场合），这就是巴西利卡！

古罗马的乌尔比亚巴西利卡（公元98–112年）

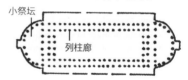

小祭坛

列柱廊

此外，对于柱式体系中建筑构件的挪用（从旧建筑上剥离后重复使用）也十分有趣！这是因为，使用柱式体系的希腊或罗马神庙都属于多神教的范畴，对基督教来说处于异教之列。尽管如此依旧采用了这样的手法，或许是由于大理石材之珍贵以及所施雕刻之壮丽。教堂中为了将光线导入神圣的空间，还在高于周围建筑的位置设高窗（clerestory），这被认为是受到了犹太教堂的影响。

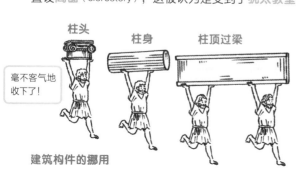

柱头

柱身

柱顶过梁

毫不客气地收下了！

建筑构件的挪用

高窗

犹太教堂
（推测复原图）

❶发展古罗马巴西利卡；❷挪用柱式体系建筑构件；❸采用高窗。根据这三个要点建造起来的初期基督教建筑……

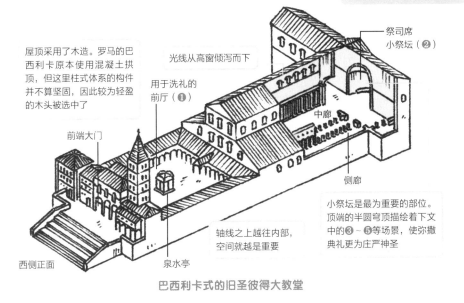

屋顶采用了木造。罗马的巴西利卡原本使用混凝土拱顶，但这里柱式体系的构件并不算坚固，因此较为轻盈的木头被选中了

光线从高窗倾泻而下

用于洗礼的前厅（❶）

祭司席
小祭坛（❷）

前端大门

中廊

侧廊

西侧正面

轴线之上越往内部，空间就越是重要

泉水亭

小祭坛是最为重要的部位。顶端的半圆穹顶描绘着下文中的❸～❺等场景，使弥撒典礼更为庄严神圣

巴西利卡式的旧圣彼得大教堂

在教堂中，表现的中心主题必须与基督教本质紧密相关，这一目的通过巴西利卡式建筑空间的轴线得到了极佳的呈现。

主题（追溯耶稣的一生）
● 诞生于伯利恒的马厩
● 在约旦河接受施洗者约翰的洗礼（❶）
● 传达神之话语的福音传教与最后的晚餐（❷），此时发生的面包与葡萄酒的神圣变体，以及受难。
  [＊小祭坛也是用于再现（❷）的空间]
● 十字架上的死，复活（❸）
● 在圣灵降临时，弟子们接受作为神之气息的圣灵（❹），而后升天（❺）

→

也就是说，信徒们的理想是遵循福音进行信仰生活，与耶稣基督融为一体

↓

因此，教堂所举行的弥撒典礼同时有着追溯耶稣生平的含义

思想的传递、典礼的各环节、用于祈祷的空间，与这些场景最为契合的正是巴西利卡式教堂。与此同时随着深入内部，空间也更为庄严肃穆，这可以说是为神之降临准备的最为理想的建筑形式。但事实上，巴西利卡并不是初期基督教建筑的唯一原型。那么，作为原型的另外一种形式是？

圣康斯坦齐亚大教堂

12 基督教建筑的 另一个原型 **集中式建筑**

圣康斯坦齐亚大教堂（公元360年前后）

相关·笔记 巴西利卡式、穹顶、初期基督教
人物·设计者 康斯坦丁、康斯坦齐亚（女儿）

除巴西利卡之外，初期基督教建筑还包含另一种类型，这就是集中式建筑！

集中式建筑具有强烈的中心对称倾向，主要以圆形、正八边形、正六边形、正方形等几何形体构成平面，中心安置穹顶，其他建筑要素设置在周围。

请不要忘记，教堂建筑的基本构成分为巴西利卡式和集中式！

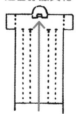

**巴西利卡式
适合弥撒典礼**

本质在于长轴的轴线。空间从属于长度和距离

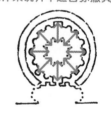

**集中式
总体来说并不适合弥撒典礼**

本质在于中心对称的上升感。空间从属于高度与中心

集中式不仅被运用在教堂，还被用于洗礼堂和墓庙之中。浸水洗礼的仪式需要将全身浸入水槽之中，而集中式建筑恰可以在中央设置水槽，二者十分契合。

此外，在耶稣基督埋葬之处建有圆形的圣墓教堂（公元336年献堂），这也是集中式建筑被广泛使用的原因之一。仿照这一教堂的形式，墓庙以及殉教者纪念堂纷纷采用了集中式建筑。

初期的大部分集中式建筑，都是为在基督教镇压时期选择忠于神之教义的殉教者而建造。

洗礼

集中式教堂的珍贵遗迹，

就是这座圣康斯坦齐亚大教堂！

中央的圆形空间高于四周的侧廊，拱廊顶部的高窗洒下神圣之光

相对于光线充盈的中央空间，身后的侧廊则停留在昏暗之中

侧廊

朝向象征天上世界的中央穹顶，空间逐渐被圣光笼罩，垂直上升的倾向随之出现

相对于教堂正中的中心对称，呈现出强烈的向心性

科林斯式圆柱以两根为一组，形成一道拱廊

圣康斯坦齐亚大教堂 内部

平面图

大型壁龛

因为采用了挪用（spolia）的手法，所以一部分柱子的种类有所不同

　　在平面图上，可以看到比其他拱要略宽几分的拱券，以及外壁上嵌入的四个大型壁龛。这被视为是稍后将会提到的希腊十字式布局（参照16）出现的预兆。此外，将集中式与巴西利卡式教堂两相结合的建筑也出现了，例如耶稣诞生教堂（伯利恒，公元326年前后开工）等。虽然如今已不复存在，但这一时期的巴西利卡式+集中式这一建筑类型，也是建筑史上的要点之一。

　　像这样，解除禁令后的基督教孕育了两种新的建筑类型——巴西利卡式与集中式。从公元4世纪开始，基督教建筑于数千年的时代交叠中一直处于建筑发展的先端，因此可以说，罗马时代以后的西方建筑史同时也几乎就是基督教建筑的历史。

　　接下来，集中式建筑将会发展成为拜占庭建筑！

圣索菲亚大教堂

13

帆拱与穹顶结合
成就奇迹之作

圣索菲亚大教堂（公元532–537年）

相关·笔记 穹顶、巴西利卡式、集中式、
拜占庭建筑

人物·设计者 查士丁尼大帝、安提莫斯、
伊西多尔

在初期基督教建筑中，壁龛上的半穹顶（作为神的宝座）被赋予象征性意义。在东罗马帝国（拜占庭帝国）的拜占庭建筑之中，这层象征性更进一步，也使穹顶成为至关重要的建筑主题之一。

与此同时，和典礼中行进过程相适应的巴西利卡式建筑布局，如何才能与穹顶达成巧妙的组合，这一问题也成为建筑的难题之一。

将其完美解决的一个方案正是帆拱结构！

将帆拱与穹顶结合的伟大发明，三角穹顶！

**过往手法❶
内角拱**

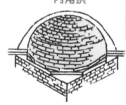

在正方形底座上架设石板等水平材料，制成接近圆形的八角形平面，再将穹顶置于顶端

边角不够平滑并且尺寸足够大的石块难以获取，在一些地区无法建造

**过往手法❷
内角喇叭拱**

用拱券替代内角拱的水平材料架为基座，向上逐渐收缩

这种手法允许使用砖块和石块，但从平面到穹顶的连接并不令人满意

帆拱

使大圆外接于正方形平面（手法❶❷都采用内接）

帆拱是指面向中心的四个曲面三角形，可以看作是以正方形四边的拱形顶点为基准垂直切削而形成

但是，帆拱上的穹顶规模受到最初平面大小的限制。于是……

三角穹顶

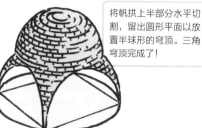

将帆拱上半部分水平切割，留出圆形平面以放置半球形的穹顶。三角穹顶完成了！

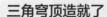

三角穹顶造就了古代建筑世界最后的辉煌，圣索菲亚大教堂！

穹顶的基座环绕着小窗，光线倾泻而下。**巨大的穹顶**仿佛是由神之手挂在云端

中廊形成的轴线朝向小祭坛，正是**巴西利卡式**建筑的标志性特征！同时，从小祭坛、半穹顶到中央穹顶，高度逐渐增加，又是**集中式**的典型表现！**本来无法两全的空间特质得到了融合！**

承担荷载的结构主要是帆拱，因此帆拱以外的部分基本都可以实现开放。也就是说，大面积开窗成为可能，这是**前所未有的革命性创举！**

以青绿为主色调的大理石，金碧辉煌的上层墙面，还有马赛克的点缀。在样式各异的窗口洒下的光线中各种色彩熠熠生辉，魅力无穷

三角穹顶的发明，催生了**巴西利卡式与集中式融合而成**的崭新空间形式，这是连罗马人都未能完成的伟大创举！

圣索菲亚大教堂虽然宏伟壮丽，结构上却较为脆弱，进行了反复多次的维修和加固。也是由于这个原因，**大规模的拜占庭建筑**在圣索菲亚大教堂以后就**十分少见了**。

时代更迭，来到奥斯曼土耳其的时代，**清真寺**接二连三地建造起来，这些寺院建筑是由穹顶和半穹顶构成的规整几何形体，采用了三角穹顶。也就是说，圣索菲亚大教堂远没有止步于拜占庭建筑，**对伊斯兰建筑群也带来很大影响**。正是以过往为基础不断进步，才构筑成了建筑的恢宏历史。

集中式

伯利恒教堂

巴西利卡式

圣索菲亚大教堂平面图

过去的巴西利卡式 + 集中式建筑说到底还是两处分离的空间

这一部分浓缩了拜占庭建筑的精髓

在圣索菲亚大教堂，巴西利卡式 + 集中式首次合二为一

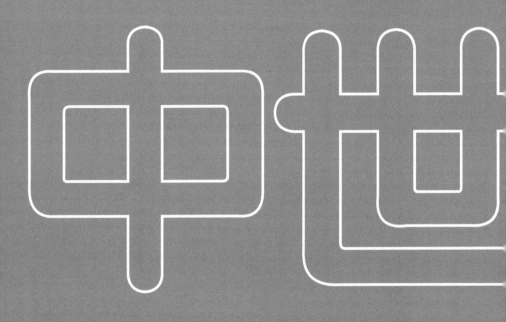

14

来自建筑的荒芜时代
珍贵的**前罗马式建筑**

亚琛宫殿礼拜堂（公元792–805年前后）
科尔维修道院（公元885年）

相关·笔记 罗马式建筑、巴西利卡式、集中式、拜占庭式建筑
人物·设计者 查理曼

中世纪前期（公元5—10世纪）的西欧社会，经济状况极其不稳定，文化上也无法与**拜占庭帝国**（东罗马帝国）比肩，建筑活动颇有停滞不前的迹象，可以说是一段荒芜时代。

在这样的一个时期，成为通向下一时代重要线索的建筑，就是这里要介绍的**前罗马式建筑**。

首先梳理一下前后的时代变迁与重要事件吧。

科尔维修道院西侧建构

这部分是重点！

	罗马帝国
313	基督教取得合法地位 / 蛮族入侵
395	**东西分裂**
	东罗马帝国（拜占庭帝国）
	东正教（存续至1453年）之后延续为希腊、俄罗斯东正教
	西罗马帝国
476	被日耳曼民族终结 / 基督教
481	法兰克王国
7世纪	墨洛温王朝 / 初期基督教教堂的面貌开始改变
751	加洛林王朝
768	查理曼（查理大帝）加冕
800-814	构建起跨越现在法国、德国、意大利的庞大帝国
11世纪—	**罗马式建筑**

东正教教堂（东罗马帝国）
致力于发展集中式建筑

西欧基督教教堂
主要专注于巴西利卡式建筑

查理曼
（也称查理大帝）

前罗马式建筑

加洛林文艺复兴
伦巴第建筑
莫扎勒布*建筑
都包含在内

* 莫扎勒布：是指公元9—15世纪摩尔人统治下的西班牙基督教徒

公元 751 年，加洛林王朝成立。

接下来，伟大统治者查理曼拉开了新时代的序幕。在文化和政治两个方面，加洛林王朝一统西欧大部分地区，奠定了西欧世界的基础。

在这个阶段，西欧建筑基本以古代建筑形式为基础，其余就是修道院建筑，但其中留存到现在的少之又少，这些建成于公元 7—10 世纪的建筑被称为前罗马式建筑，与后来的罗马式建筑相区别。即便在这样的环境下，初期基督教建筑仍在发展变化。同时以西侧建构为代表，新的建筑要素也开始萌芽。

从初期基督教建筑走向前罗马式建筑

变化❶洗礼堂
为了实现简化，洗礼仪式改为在教堂内进行，洗礼堂逐渐消失。

变化❷地下圣堂
此前毗邻而建的墓庙被引入教堂内部，成为地下圣堂（crypt）。

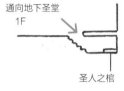

通向地下圣堂
1F

圣人之棺

变化❸西侧建构
科尔维修道院是加洛林王朝为数不多的建筑遗存之一，半独立的礼拜空间被纳入修道院西侧，两侧各有一座高塔耸立，合称为西侧建构（westwerk）。教会采用这一形式的目的在于，以双塔表现与"天上之都"相称的形态，同时以恢宏的姿态展现皇帝的权力。

这些改变对初期罗马式建筑产生了很大影响

因此才被命名为前罗马式！

由于西侧建构的登场，此前给人印象较为单薄的巴西利卡式教堂外立面（facade）一举获得了厚重且威严的表现形式。此外，在初期的基督教建筑群中，钟塔一般与教堂相互独立。但以西侧建构为伊始，此后的钟塔逐渐成为罗马式建筑以及哥特式建筑不可或缺的要素之一。

就像三塔式教堂中所体现的，罗马式建筑以耸立的塔群与华丽的形式为理想。与之相比，哥特式建筑则以二塔式教堂最为普及。

此外，罗马式建筑的"西侧建构"是以半独立形式融入教堂的多层礼拜堂，哥特式建筑的"西侧正面"则是为了迎接信徒民众而设，需要注意避免混淆。

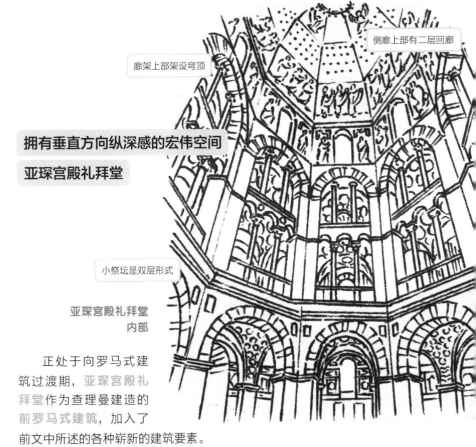

侧廊上部有二层回廊

廊架上部架设穹顶

拥有垂直方向纵深感的宏伟空间

亚琛宫殿礼拜堂

小祭坛是双层形式

亚琛宫殿礼拜堂
内部

正处于向罗马式建筑过渡期，亚琛宫殿礼拜堂作为查理曼建造的前罗马式建筑，加入了前文中所述的各种崭新的建筑要素。

查理曼试图将家族世代相承的日耳曼传统，与作为理想的古罗马建筑形式，东方拜占庭帝国的先进文化，以及必须维护的基督教教义调和在一起。多样的文化交错融合，化身为绝无仅有的建筑形式。

源流❶日耳曼文化

以北方日耳曼民族的木造建筑传统为基础，反映森林文化所孕育的宗教观

了解了这两股源流，对于前罗马式建筑的理解也会更深一层

源流❷拉丁文化

以地中海地区的石造建筑文化圈为基础，受到拜占庭建筑、初期基督教建筑、伊斯兰教建筑影响

通过跨越数百年的形式探索与技术实验，前罗马式建筑在彰显各个地区特色的同时向罗马式建筑逐步迈进。在此之后，以厚重的墙壁为特征，罗马式建筑终于得以大放光彩！

施派尔大教堂

15

墙面分节的美学
在**罗马式建筑**绽放

施派尔大教堂
（1061 年）

相关·笔记 柱式、穹顶、巴西利卡、
哥特式建筑

人物·设计者 ——

　　跨越了建筑荒芜时代的公元
1000 年前后，以法国和意大利为
中心，教堂接二连三落地建成。
这是因为王朝和公国在经济与政
治上恢复了活力，世俗权力与宗
教权力相结合，一同投入到了建
设活动之中。

　　此外，这个时代的人们在很大程度上受到千年至福论（认为耶稣诞生后的千
年即为世界末日降临的年份）的影响。因此，对神圣事物的追求席卷了整个时代，
对天国的憧憬愈发强烈，朝圣之旅的热潮也接踵而至。就在这样的背景之下，罗
马式建筑争相拔地而起。

罗马式建筑的特征

❶ 圆拱很是常用
广泛使用古罗马时代常见的半圆形拱（参照 10）（罗
马式建筑也即借用古罗马建筑风格的建筑）。

❷ 石造拱顶的发展
拱顶的形式从古罗马建筑与前罗马式建筑（参照
14）进一步发展而来。屋顶在巴西利卡中曾一度使
用木材搭建，而这一时代的石造拱顶，使墙壁和屋
顶再次融为一体。

❸ 体量厚重的结构体
石拱顶十分沉重，因此需要厚重的墙体提供支撑。
扶壁也被使用在建筑中。由于墙壁作为结构体承重，
窗户的面积受到很大局限。

石造筒形拱顶

❹ 巴西利卡式平面的发展

为了应对朝圣的热潮，教堂中加入了地下圣堂和礼拜堂、西侧建构（参照 14）等部分，同时对平面设计进行了修正，以使各部分的尺寸和比例更为协调。

❺ 从柱式体系到以墙壁为主的过渡（墙面分节的美学）

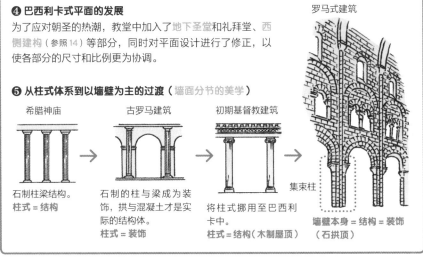

希腊神庙

古罗马建筑

初期基督教建筑

罗马式建筑

集束柱

石制柱梁结构。
柱式 = 结构

石制的柱与梁成为装饰，拱与混凝土才是实际的结构体。
柱式 = 装饰

将柱式挪用至巴西利卡中。
柱式 = 结构（木制屋顶）

墙壁本身 = 结构 = 装饰
（石拱顶）

*集束柱：截面面积较大的独立柱总称（由棱柱、圆柱等复合而成，有多种多样的组合形式）。

由此可见，在罗马式建筑中

墙壁首次成为结构与装饰的结合！

墙壁面分节（分割）的主要构成是门与窗，以及将门窗和墙面分隔开来的各类线性要素，例如壁柱柱身、立柱柱身以及交叉拱顶等。上述的罗马式建筑特征❶～❺在接下来的时期里不断向哥特式建筑发展。除此之外，地域特色的呈现也是罗马式建筑的看点之一！

┌─地域特色──────────────────

大规模罗马式（德国、比利时、荷兰等地）
采用西侧建构和二重祭坛（西侧建构中也建祭坛，与壁龛相连）。

意大利罗马式
富丽堂皇，绚烂多彩。穹顶采用内角拱（squinch）。外墙可以见到伦巴第装饰带（Lombard band，屋檐下连续的装饰性小拱，以北意大利的伦巴第地区命名）。教堂和钟楼往往分离建造。

法国罗马式
采用放射状礼拜堂、回廊、小礼拜堂等。

式样繁多的柱头雕刻

装饰外墙的伦巴第装饰带

在这里，请允许我为诸位介绍典型的德国罗马式建筑中，规模最大且西侧建构、多塔结构以及伦巴第装饰带一应俱全的施派尔大教堂！

横拱　交叉拱顶

柱式柱身

壁柱柱身

施派尔大教堂内部

每个单位空间都体量巨大!

具有宏伟体量的穹顶、八角塔和塔楼，凸出一大截的耳堂（袖廊与中廊的交叉部分。参照17）与半圆的壁龛组合而成的外部形态明快且富有张力。对应的内部空间也有着相同的气质。

除此之外，施派尔大教堂单位空间（bay，是指由柱和拱划分出的一个单位中，墙壁、窗户与拱顶构成的整体）的跨度和面积都格外巨大，可以想象即便借用当时最高水平的技术，施工也极为困难。

　　在中世纪的很长一段时间里，由于政治发展停滞（建筑也几近停滞），大型石块的加工与搬运变得十分困难。因此，人们将小型石材组合成墙壁和集束柱，使教堂得以建立起来。从之前的立柱向集束柱（pier）的转变，也是这个时代重要的特征之一。

　　也就是说，从墙壁或石块中挖出开口以供光线进入，这类崭新的建筑行为从此拉开了序幕。也可以说，这类建筑在罗马建筑的基础之上，舍去了传统的柱式和装饰。

　　但如果仅止于此，墙壁就只是单纯的构件而没有美学的介入。因此，罗马式建筑对墙壁施以雕琢，进行精巧的分割，最终塑造出与神性相称的空间。

圣马可大教堂

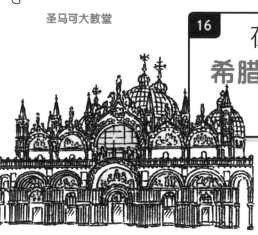

16

在水城威尼斯
希腊十字式大放异彩

圣马可大教堂
(1063-1071 年)

相关·笔记 三角穹顶、巴西利卡式、集中式

人物·设计者 ——

公元 395 年，罗马帝国东西分裂。西罗马帝国落入日耳曼民族手中，覆灭于公元 476 年；东罗马帝国则一直存续到 1453 年，直到被奥斯曼土耳其占领。东罗马帝国孕育出的文化体系与罗马不尽相同，因此又被称为拜占庭帝国。就是在这里诞生了拜占庭建筑的杰作，圣索菲亚大教堂（参照 13）。

而在接下来不得不提的，就是拜占庭建筑另一个重要的新形式——希腊十字式教堂。在矩形平面上架设穹顶是希腊十字式的普遍特征。

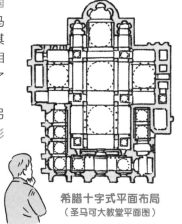

希腊十字式平面布局
（圣马可大教堂平面图）

原来这就是希腊十字式平面！

拜占庭建筑特征

❶ 教堂内部的装饰性马赛克是拜占庭建筑不可或缺的要素。在圣马可大教堂内部，用金箔和玻璃历时 700 年制成的马赛克装饰画值得一看。

❷ 立柱的柱头最富特色，形如四角锥倒置，雕刻着叶形装饰。

上附墩块（impost block）的柱头

四角锥形柱头

圣索菲亚大教堂属于穹顶巴西利卡，前文提到，这一建筑类型并没有稳定留存，而是向后来的清真寺提供了原型。

相比之下，希腊十字式则属于交叉穹顶建筑。这类建筑的基本结构以穹顶为中心，向四周伸展拱顶，因此单位空间共分为五处。如果再各自架设穹顶，就形成了……

西方世界
最为纯粹的
拜占庭建筑，
圣马可大教堂！

　　圣马可大教堂由威尼斯巨富所建，是希腊十字式建筑的代表作。地面、立柱、墙壁上马赛克装饰的辉煌与黄金的璀璨令人目眩神迷。这一切正是威尼斯共和国无上荣光的象征。

　　与巴西利卡式相比，希腊十字式并不利于弥撒典礼中祭坛的有效配置。然而，推行不同于西罗马帝国的宗教改革的强烈愿望，在特意将关注点聚集于中心的这一建筑形式中体现得淋漓尽致。

不过，威尼斯一直属于东罗马帝国吗？

毕竟是在意大利，总给人一种西罗马帝国统治的印象……

　　问得不错！威尼斯属于东罗马帝国，主要是因为当时的拉韦纳地区（东罗马帝国政府所在地）虽然已经陷落，但在名义上仍是拜占庭帝国宗主权下的自治区，受到特别对待。此外，这里的历代总督与邻国势力巧妙周旋保持了一定程度的独立性，并且通过交易积累了巨额财富。

　　圣马可大教堂的构成中，象征"地上世界"的立方体上架设着象征"天上世界"的穹顶。这正是重视天上世界等级制度的东正教教会通过建筑将神之国度具象化的结果。东正教会在之后发展为俄罗斯正教会。

　　身处亚得里亚海中，利用环礁湖（lagoon，以沙洲和珊瑚礁与外海分隔的较浅水域）建成的运河与星罗棋布的岛屿相互拼接，威尼斯可谓是浪漫的化身！如果有机会的话，请一定亲自去探访一番。

17

巴西利卡
进化为**朝圣教堂**
圣塞尔南大教堂
（1080 年前后）

相关·笔记 罗马式建筑、修道院、哥特式建筑

人物·设计者 ——

号称法国最大规模罗马式建筑

圣塞尔南大教堂

11 世纪后半叶，朝拜圣物的风气大兴，越来越多的人踏上了朝圣之旅。作为三大圣地之一，圣地亚哥－德孔波斯特拉大教堂（另外两处分别是耶路撒冷和罗马）周边的朝圣路逐渐兴起。随之诞生的就是罗马式朝圣教堂！

那么，朝圣教堂与此前的教堂有什么区别呢？

最大的特征在于，朝圣者能够在不影响典礼的前提下在教堂内巡游。这样的话朝圣就不会妨碍到正常的祈祷和仪式，在前厅（narthex）还可以对大批朝圣者的进入施行限制。

地下圣堂（参照 14）中保管着圣遗物，不仅为朝圣者们提供礼拜的空间，同时具备防盗的功能。交叉处则竖起高塔，使朝圣者们在远处也能辨识出教堂的所在。与基督教典礼和思想相契合的巴西利卡式建筑，在"朝圣"这一时代要求下逐渐发展变化。

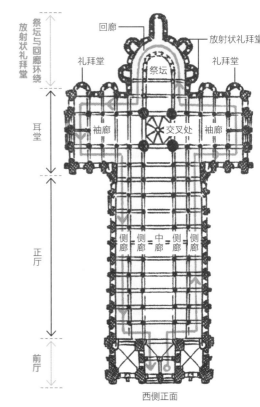

放射状礼拜堂 | 祭坛与回廊环绕

回廊
放射状礼拜堂
礼拜堂
祭坛
礼拜堂

耳堂
袖廊 交叉处 袖廊

正厅
侧廊 侧廊 中廊 侧廊 侧廊

前厅

西侧正面

圣塞尔南大教堂 平面图

原来如此！

洄游动线与朝圣最为契合！

此外，对罗马式建筑的革新很大程度上体现在拱顶结构中。

随着交叉拱顶的出现，筒形拱顶下部墙壁的结构功能几乎被取代，也就是说，墙壁开始向壁柱转变。这样一来，中廊的采光也更为通透。

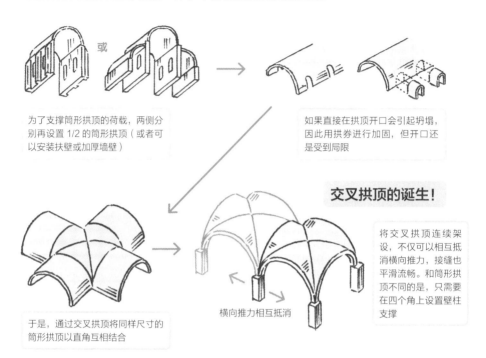

为了支撑筒形拱顶的荷载，两侧分别再设置 1/2 的筒形拱顶（或者可以安装扶壁或加厚墙壁）

如果直接在拱顶开口会引起坍塌，因此用拱券进行加固，但开口还是受到局限

交叉拱顶的诞生！

将交叉拱顶连续架设，不仅可以相互抵消横向推力，接缝也平滑流畅。和筒形拱顶不同的是，只需要在四个角上设置壁柱支撑

横向推力相互抵消

于是，通过交叉拱将同样尺寸的筒形拱顶以直角互相结合

在中廊架设交叉拱顶（或筒形拱顶），就会增加横向的推力。于是，在罗马式建筑中，为了加强支撑，侧廊上还设置了二层回廊（tribune）。

类似的结构和形态，被后来的哥特式建筑继承并发扬光大。

那么，新的结构形式成就了怎样的建筑空间呢？

故事的舞台将会转移到鲜花之都——巴黎！

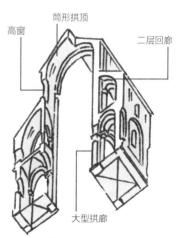

高窗
筒形拱顶
二层回廊
大型拱廊

由大型拱廊、二层回廊和高窗组成的"三重构成的两层回廊"，是支撑中廊的重要构造

三重构成的两层回廊
（以圣埃蒂安教堂为例）

---

* 初期罗马式建筑的屋顶是木造，但经常因落雷引起火灾。为预防火灾和美化教堂，拱顶得到了普及。此外需要注意的是，利于采光的交叉拱顶的修建在当时的施工条件下还十分困难。

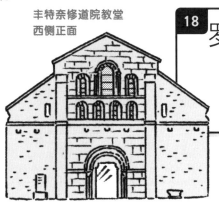

丰特奈修道院教堂
西侧正面

18 罗马式建筑的驱动力
修道院的使命

丰特奈修道院教堂
（1139–1147 年）

相关·笔记 罗马式建筑、哥特式建筑、巴西利卡式
人物·设计者 ——

> 难道不是修道士进行祈祷的
> 地方吗？

大家对于修道院有着怎样的印象呢？

说得不错。不过，中世纪的修道院不仅仅是祈祷的场所，也是**最为先进的生产组织**，同时还是传授艺术与知识的学校。作为**自给自足的共同体**，修道院还组织开垦荒地，进行农业生产，为社会提供各种生活必需品。此外，修道院也会为**朝圣者提供旅社，为贫困者提供住所和饭食**，同时也是医治病人的**医院**。**修道士**们本身也都是手艺人、农民、医生、技术人员或教师等各行各业的**专业人士**。

当时的**修道院建筑**基本是由极少数能够阅读圣经的精英所构想，其中融会贯通了几何学、数学与音乐的相关理论。

这类由神学者与圣职者建造的**修道院**，根据**修会派别**的不同也呈现出各自的特质。

恍然大悟……　　学校　　　　旅社

得救了！

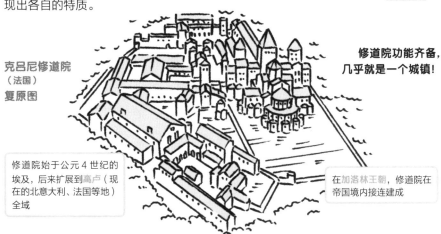

克吕尼修道院
（法国）
复原图

修道院功能齐备，几乎就是一个城镇！

修道院始于公元 4 世纪的埃及，后来扩展到**高卢**（现在的北意大利、法国等地）全域

在**加洛林王朝**，修道院在帝国境内接连建成

* 高卢是古罗马人对凯尔特人的呼称，也指代其居住地区。

丰特奈修道院教堂

是熙笃会

现存最古老的罗马式教堂!

熙笃会批判另一大修会——克吕尼修会的奢华倾向,将装饰性要素省略到极致,主张禁欲主义。在建筑的西侧正面不建造醒目的高塔,彩色玻璃、雕刻与壁画也被一律禁止。

外观修饰极度克制,通常东端小祭坛所在的半圆形部分,在这里也被修平。形式与构造的特征则是严谨、简明。顶部稍尖的尖拱高度也不算高,成为罗马式教堂中的一个例外。

丰特奈修道院教堂内部

平面图

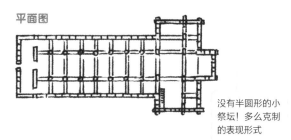

没有半圆形的小祭坛!多么克制的表现形式

丰特奈修道院教堂,以回归修道院戒律之原点为宗旨,可以说充分体现了熙笃会崇尚简朴的美学。

乍看之下这是座倾向于实用主义的合理建筑,却仍是基于数学与几何学的美学比例下诞生的艺术品。

据说在 10 世纪前后的欧洲,修道院共有 1200 多所,它们支撑着人们的生活,化身避难所(当时存在朝圣中被山贼袭击的状况),也成为精神支柱,更是致力于学识与文化的继承发展。这些都曾是修道院的使命!

正是有了修道院,罗马式建筑在欧洲各地的蔓延才成为可能。然而,墙面分节的美学(参照 15)以及基于数学的美学有时并不能得到所有人的理解。因此,在哥特式中,建筑发展成为广大民众易于理解的神性空间!

从罗马式到哥特式,具体有哪些部分发生了怎样的变化呢?就让我们共同翻开下一页吧!

亚眠大教堂 西侧正面

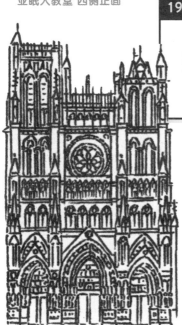

19

为民众而建的神性空间 哥特式建筑！

亚眠大教堂（1220年前后）

相关·笔记 罗马式建筑、修道院、朝圣教堂
人物·设计者 ——

在欧洲各地，罗马式建筑以修道院（参照18）的形式普及开来，这些建筑主要是为修道士们建造的。

与之相比，哥特式建筑的发展过程和修建目的都大不相同。

哥特式教堂归属于城市，是为普通民众建造的教堂！作为权威的象征与静默的演说，哥特式建筑诞生于巴黎，并在不久之后传播到周边各国。

哥特式建筑的特征

❶ **尖拱广泛使用**——尖拱比罗马式的圆拱侧推力更小，同时给人以垂直上升的印象，因此受到哥特式建筑的青睐。

❷ **交叉肋拱增加**——交叉肋拱的骨骼作为线状要素，将壁柱和天花板连为一个整体。

❸ **轻盈的线状结构体**——通过飞扶壁的应用，墙壁得到减少，壁柱更为纤细，二层回廊（参照17）也不再是必需，窗户变得宽大且轻巧。

❹ **以罗马式平面为基础**——积极采用便于民众使用的祭坛形式，放射状礼拜堂环绕在回廊周围（参照17）。西侧正面继承了罗马式建筑的形式。
与中廊前作为独立空间的前廊和西侧建构不同，西侧正面的意图在于"将民众直接引导至教堂内部"。

飞扶壁

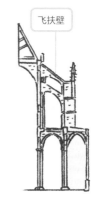

尖拱

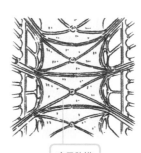

交叉肋拱

❺ 墙面分节——墙面分节的进一步发展使得哥特式建筑内部空间变得更为纤细且高贵。

哥特式的建筑空间竟然没有直角转折! 边缘与分隔线都由圆弧构成。如此一来在视觉上，墙壁的厚度完全消失了。

明明宽度是一样的，还是被骗了!

单位空间之间的连贯性也是罗马式建筑无法比拟的

罗马式 = 直角

可以直接观察到墙壁厚度

拱券边缘: 直角
壁柱边缘: 直角

哥特式 = 圆弧的组合

巧妙隐藏了墙壁的厚度

窗口边缘: 圆弧
尖拱边缘: 圆弧
柱: 圆弧

最为精彩的是壁柱的集合体与交叉肋拱之间的连接! 这类线状要素的连接过于纤细，并不能实际承受建筑物的荷载，但却在视觉上令人信服，带来一种轻盈没有重量的错觉。

融合了这些特征的神性空间

正是哥特式建筑之王，亚眠大教堂!

天花板高达 42 米! 形态尖锐的结构体塑造出流淌般的上升空间，充盈着崇高且耀眼的光芒，这里对于民众来说是前所未有的祈祷场所。在扩大的窗口镶嵌着巨型玻璃花窗，用细致的画面详细描绘了《圣经》的内容，对于不善识字的民众来说，这应当是极大的馈赠吧。

哥特式建筑以这样的形式瞬间从巴黎扩展开来，却又呈现出各国的地域特色，这点很是耐人寻味。那么，接下来的建筑又会给我们带来怎样的精彩呢?

就算是不懂文书的我，也能理解圣经的内容!

亚眠大教堂 内部

20

拥有不同样式
双塔的大教堂
沙特尔圣母大教堂（重建于1194-1220年）

相关·笔记 罗马式建筑、哥特式建筑、西侧正面
人物·设计者 ——

沙特尔圣母大教堂

沙特尔圣母大教堂是法国最美的哥特式建筑之一。

1130-1150年，带有双塔的西侧正面建成，只不过当时采用的还是罗马式。

1194年，一场大火烧毁了大部分建筑，只留下南塔以及与地下圣堂之间的立面外构。同年，重建工作开始，北塔采用了哥特式而非罗马式。

从此，南北两座不同样式的高塔比肩而立。幸免于大火的南塔高105米，装饰简朴，体量厚重，是一座罗马式棱锥塔。高113米的北塔则呈现晚期哥特式（Flamboyant，火焰式风格）的优美姿态。

"火焰式"是一类突出装饰技巧的建筑形式，流行于15世纪以后。类似的装饰性特征不仅仅是北塔，在大教堂的各个角落都可以发现。以入口处的正立面为例，相互缠绕的花饰窗格（tracery，由复杂曲线装饰的窗框）风靡一时。

巴黎的圣塞味利圣殿、圣热尔韦教堂，鲁昂的圣马可卢教堂，圣米歇尔山的大修道院圣堂祭坛等，都是火焰式风格现存的佳例。

飞扶壁

飞扶壁在哥特式建筑中十分常见，随着高度上升墙体逐渐变薄

火焰式（尖顶饰）：是指小尖塔、尖顶和屋顶的装饰。基督教教堂一般在顶部设十字架。十字架下的球形装饰又称球形尖顶饰

高达 113 米的优雅姿态
火焰式风格高塔
（晚期哥特式）

教堂和中世纪建筑的塔顶呈棱锥或圆锥状的部分被称为尖顶

用于排水的滴水嘴兽从墙壁伸出，被制成雕塑或铸件的形象

悬钟的部分称为钟楼。交叉的窗框描绘出层叠的圆弧，形成了花饰窗格

玫瑰窗是圆形的彩绘玻璃，形如花瓣繁复的玫瑰。彩绘玻璃上的深蓝又被称为沙特尔蓝

高约 105 米的
罗马式棱锥塔

双坡屋顶三角形的部分称为山墙

尖塔上双坡屋顶的开口称为老虎窗

墙壁凹陷处的连续拱券称为拱廊。有时也会放置立像，给墙面带来一些变化

正面入口由三个连续的拱券构成。使用大且细致的装饰精巧制作而成

北塔　　　　　南塔

沙特尔圣母大教堂身兼数职，既是经济中心也是一处地标。

教堂在北端的巴西利卡入口销售纺织品，在南端销售燃料、蔬菜和肉类，相当于一处销售各种商品的市场。苦于生计的人们也会为了找工作而聚集在教堂。在瘟疫蔓延伤亡者频出的时期，北侧的地下圣堂还一度承担了医院的职能。

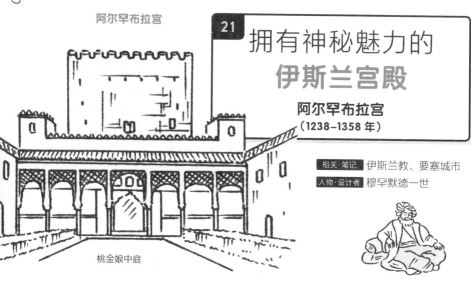

阿尔罕布拉宫

21

拥有神秘魅力的
伊斯兰宫殿
阿尔罕布拉宫
（1238–1358 年）

相关·笔记 伊斯兰教、要塞城市
人物·设计者 穆罕默德一世

桃金娘中庭

阿尔罕布拉宫是位于西班牙格拉纳达市东南侧山丘上的一处宫殿。

虽然被称为"宫殿"，但它其实是从公元 11 世纪的阿尔卡萨城堡扩展而来，内部各类设施齐备，包括住宅、政府机关、军队、马厩、清真寺、学校、浴场、墓地、庭园等。

这一源流与摩尔王朝的兴衰成败息息相关。处于公元 9 世纪末期的后伍麦叶王朝（Banu Umayyah）末期以伊比利亚半岛南部为领土，在那里建立的城堡被称为阿尔卡萨，正是宫殿的原型，最初是阿拉伯人为抵御农民叛军而构筑的防御墙。

留存到现代的大部分建筑属于纳斯尔王朝（Sulala Nasriyya），也是伊比利亚半岛最后的伊斯兰王朝。这些建筑最初由穆罕默德一世下令开始建造，此后在穆斯林政权下得到扩张，在功能上既是苏丹（王）的住所，也是供数千人居住的要塞城市。

因此可以说，阿尔罕布拉宫是由不同时代建成的各类建筑复合而成的产物，其中可以发现各个时代的建筑样式与形态留下的印迹。

黄金庭院

清真寺

科马瑞斯之塔
高 45 米，内部的大使厅是国王接见来使的房间，从墙壁到天花板都施以精细的阿拉伯纹饰（arabesque）

阿尔罕布拉宫 俯瞰

阿尔罕布拉宫的群山

以西班牙的内华达山脉（Sierra Nevada）为背景，阿尔汉布拉宫的城墙轮廓分明。夏季的格拉纳达酷热难耐，但这里连绵的马鞍状山丘绿植覆盖，清凉可人。"阿尔汉布拉"在阿拉伯语中意为"红色"，这一名称来源于石壁中含有的大量赤铁成分。

浴场
以古罗马的公共浴场为范本建造

双姐妹厅
国王夫人们的房间。36位妻子中的最后2人曾经生活在这里。狮庭周围是属于国王的私人空间，也即后宫

狮庭
庭中竖立124根大理石柱，中央的喷泉则是12头雄狮，泉水从狮口流向周围的4处房间。在过去，随着时间的顺序，水流会从不同的狮口中流出，起到了钟表的作用。

狮庭中的大理石柱从梁到天花板皆精雕细琢，展示出伊斯兰艺术的巅峰水准。由于伊斯兰教禁止偶像崇拜，房间内外的装饰都是几何图形与文字形成的阿拉伯纹饰。细密精巧之程度令人称奇！

桃金娘中庭
最负盛名的桃金娘中庭池水如镜，映照出科马瑞斯之塔

桃金娘中庭不仅在建筑上几何对称，由于池水映照，水面内外也呈现出对称的样貌。20公里之外内华达山脉融化的雪水，流淌在阿尔罕布拉宫的庭园与喷泉中

科隆大教堂

22

到**大教堂**竣工为止 施工时间长达350年！

科隆大教堂（1248–1880年）

相关·笔记 金字塔、山岳台、哥特式
人物·设计者 ——

实际施工时间竟长达 350 年

作为主教的协助者，主要在各地教会进行传教活动，也负责引导信徒

耶稣十二门徒的继承人，对教区的一切教会活动负有责任

神父　　　　　　　主教

当时的施工现场

建筑工地附近的采石场

在西方，大教堂（法语中的 cathédrale）是指放置主教座的教堂。公元313年，基督教得到公认后，罗马教会将各地区划分为教区，各教区设主教座，负责统辖监督各个地区。也就是说，大教堂是以城市为土壤的大型建筑，拥有足以威慑四方的魄力。

那么，如此大型的建筑在当时是如何建造起来的呢？

大教堂的建成往往需要漫长的岁月。其中，科隆大教堂尤为特殊，实际施工时间达到约350年之久。在哥特式时代动工的这座教堂，完工时竟已经来到哥特复兴的时代！除此之外，例如沙特尔圣母大教堂，主要部分的建设大约花费了27年，亚眠大教堂大部分建筑的建造也大约花费了44年时间。相比之下，圣索菲亚大教堂只用了6年时间就竣工，这是在罗马皇帝查士丁尼一世的庞大资金支持下，1万名工人辛勤劳作的结果（中世纪教堂的建设工人往往酬劳微薄）。令人意外的是，最耗费成本的竟是石材的搬运工作。在此前的章节中也提到过，金字塔建造时用到的采石场在建筑不远处被发现，同样地，大教堂在建造时也会优先使用当地产出的石材。

拱顶起点处的石材组装图

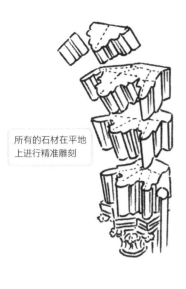

所有的石材在平地上进行精准雕刻

卷绳器竟然一度是由人力像仓鼠一样滚动转轮来驱动的

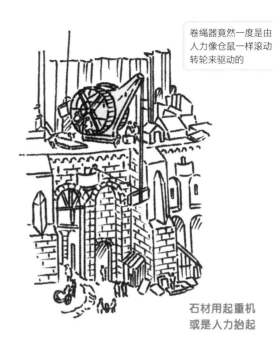

**石材用起重机
或是人力抬起**

　　在那个时代当然还没有现代的车辆、起重机和电梯。这时候还是牛车大显身手的时代，但时常会由于泥泞、车辙或是细微的倾斜进退维谷。假如是可以利用水路的工地，搬运就会轻松得多。

　　辛苦搬运来的石材会通过铅锤和水平仪进行精确的校准对齐，再使用灰浆接合。

中世纪设计图纸

留存到今天的中世纪建筑图纸数量很少，这是因为当时的羊皮纸价格高昂，往往在建筑完工后就将设计图抹去另作他用

　　大教堂的建立固然是市民们信仰之心的体现，但没有社会基础、技术条件和足够的资金支持也是无法实现的。调查结果显示，由于对亚眠大教堂倾注了过于庞大的经济储蓄，周边地区已经没有再建造其他教堂的余力。其他的一些情况下，由于对市民施加重税，残酷的政策引发暴动，也可能导致教堂建设直接中断。

　　如何分配国家预算才能使更多市民获得幸福的生活呢？

　　大教堂给予我们创造更美好社会的诸多提示，可以说是十分宝贵的存在。

埃克塞特大教堂

23

视天花板为生命！
过分华丽的**肋式拱顶**

埃克塞特大教堂（1329–1369年）

相关·笔记 哥特式建筑、交叉拱顶、哥特复兴
人物·设计者 ——

哥特式肋式拱顶与立柱相连的结构，使建筑空间在视觉上显得十分轻盈。而对哥特式建筑最为推崇的英国（12世纪下半叶~16世纪中叶，长期与法国并列为哥特式建筑的代表性国家），则对肋架进行了进一步的装饰性加工。

让我们先来复习一下肋式拱顶的相关内容。在表面上，看似是肋架和立柱支撑着整座建筑物的荷载，但实际上，混凝土加固的拱顶及壁柱、墙壁与飞扶壁才是主要的承重部分。英国哥特式建筑，正是将作为装饰的肋架发展到了极致。

那么，就让我们来看看中世纪的石造建筑中，将能工巧匠的技术发挥到极致的空间特征吧！

施工现场

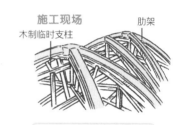

木制临时支柱　肋架

在架设拱顶前，首先设置肋架作为基准线

英国哥特式建筑的特征（装饰式）

❶ 曲线缠绕组合成花饰窗格。
❷ 拱顶大量使用分枝肋架。
❸ 墙壁体量减小，彩绘玻璃面积扩大。

* 要注意的是，飞扶壁在英国并不普及。

分枝肋架

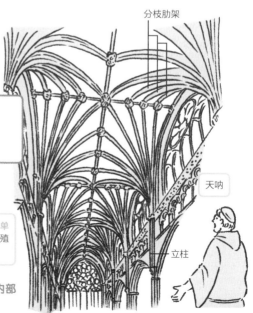

天呐

立柱

由于分枝肋架的增加，天花板的单位分隔不再清晰可辨。肋架的增殖使末端呈现出一种融化的效果

埃克塞特大教堂 内部

英国哥特式建筑的特征（垂直式）

❶ 使用花饰窗格，将宽幅的大型窗户垂直或水平分割。

❷ 增加肋架数量，生成网状的扇形肋式拱顶。

网状的扇形肋式拱顶。肋架均匀地展开，形如扇骨，也被称为扇形拱顶

花饰窗格

教堂内完全被花饰窗格、扇形拱顶与立柱的线条所覆盖。

格洛斯特大教堂内部
（1337–1367 年）

国王学院礼拜堂内部
（1446–1515 年）

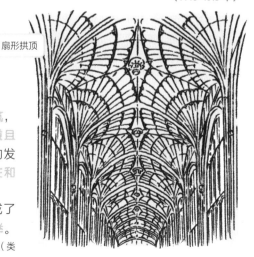

扇形拱顶

浮游于光线之中的哥特式建筑，最初采用的仍然是罗马式建筑厚重且沉闷的墙壁与天花板。经过后来的发展，飞扶壁分担了墙体承重，立柱和肋架则产生了视觉上的轻盈感。

可以说，哥特式建筑确实达成了许多罗马式建筑力所不能及的创举。然而，即便窗户的面积放大到极限，（类似日本建筑的）内外相连的一体化空间却始终没有出现。英国的哥特式建筑始终停留于对内部空间装饰要素的操作。

杜布罗夫尼克古城

24 被称为亚德里亚海明珠的港湾城市国家

杜布罗夫尼克古城
（城墙建成于 15 世纪前后）

地处克罗地亚的杜布罗夫尼克与威尼斯、热那亚齐名，曾是一座繁荣的港湾城市国家。

相关·笔记 要塞城市、港湾城市
人物·设计者 ——

所谓"港湾城市"，是指成为物资集散地的同时也成为商业贸易中心，从而走向繁荣的城市。一旦控制了这类城市的主导权，那么无论在政治还是经济贸易上都会掌握极大的权力与利好。因此，这里时常面临被侵略的危机。

在地中海沿岸，离陆地不远的岛屿形成了利于军事防御的天然要塞，也因战略地位逐渐得到了发展。杜布罗夫尼克正是其中之一。这里除了可供船员靠港休憩外，也是食物和水的供给地，被坚固城墙包围的城市不仅仅是天然要塞，更作为地中海商业贸易的重要据点蓬勃发展。

填海造陆形成了碗状城市剖面

杜布罗夫尼克曾是一座岛屿，在西罗马帝国覆灭后，成为逃脱斯拉夫人袭击的拉丁罗马人的居住区。隔着一道海湾，拉丁罗马人与斯拉夫人相互对峙，这样的日子持续了很长一段时间。到 12 世纪后半叶，纷争走向终结，海湾填埋为陆地，杜布罗夫尼克也成为和平的半岛。

填埋后的海湾就是现在的广场大道，曾经象征着对立的地方如今已是联系两个民族的和平纽带。

昨天的敌人就是今天的朋友

橙色的瓦片屋顶熠熠生辉

1991 年，南斯拉夫解体，民族纷争引发内战，杜布罗夫尼克遭到炮击，许多建筑物遭到破坏。内战平息后，杜布罗夫尼克得到了来自全世界的支援，在短时间内完成了复兴。

如今，这里橙色的瓦片屋顶吸引着来自全世界的游客，这也正是在内战遭受炮击后由崭新瓦片重新修建的印记。

因内战而被列入《世界濒危遗产名录》的杜布罗夫尼克古城，在 1999 年脱离了危机。

填海造陆后杜布罗夫尼克城区的扩展

曾经是海湾的部分

12 世纪后半叶经历了填海造陆

曾经是一座岛屿

天然要塞

卢扎广场的钟楼

填海造陆形成了碗状城市剖面

明阙塔要塞　城墙　广场大道

普洛切城门

曾经是海湾的地方，却成了市中心的广场大道，成为和平的象征！

杜布罗夫尼克 城市规划

皮拉城门

卢扎广场

圣伊凡要塞

教堂　大教堂

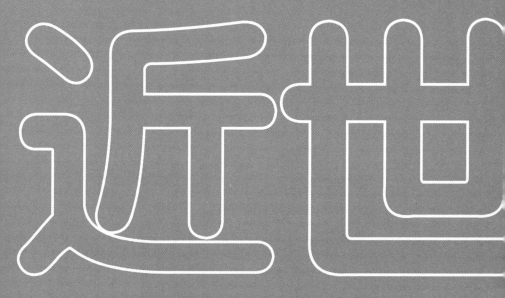

圣·洛伦佐教堂

25

发明**透视法**的
文艺复兴建筑师

圣·洛伦佐教堂（1425年前后）

相关·笔记 文艺复兴、哥特式
人物·设计者 菲利普·布鲁乃列斯基

　　圣·洛伦佐教堂竣工于 1425 年前后，是文艺复兴初期的代表性建筑。建筑的文艺复兴诞生于对古罗马时期的考察取证，而维特鲁威的《建筑十书》是最为重要的参考文献。这是现存唯一一本著成于古罗马时代的希腊和罗马建筑相关典籍，在此后作为教科书发挥了极大作用。

　　《建筑十书》记载了建筑各部分的比例关系，建筑设计中重视比例协调的传统也源自于此。

　　建筑师菲利普·布鲁乃列斯基（Filippo Brunelleschi）是圣·洛伦佐教堂的设计者，也是极为重视比例关系的建筑师之一。这样的原则不仅仅体现在平面布局上，还以此来确定建筑的高度。

　　在文艺复兴前的哥特式晚期，各城市间有关繁荣度的竞争也包含着建筑高度的比拼，正是在哥特式建筑趋向饱和的这一时期，布鲁乃列斯基提倡的利用几何学比例来确定建筑高度的方法被认为是行之有效的设计手法。

圣·洛伦佐教堂 内部

菲利普·布鲁乃列斯基
（1377–1446 年）

仅用了 80 年，建筑高度已经是原来的 1.8 倍！哥特时代无止境的高度竞争……

桑斯大教堂	拉昂大教堂	巴黎圣母院	沙特尔大教堂	兰斯大教堂	亚眠大教堂
1140 年　24 米	1160 年　24 米	1163 年　32 米	1194 年　34 米	1211 年　38 米	1220 年　42 米

在那之后，布鲁乃列斯基更是作为透视法的发明者对后世产生了深远的影响。透视原理主要包含以下两点。

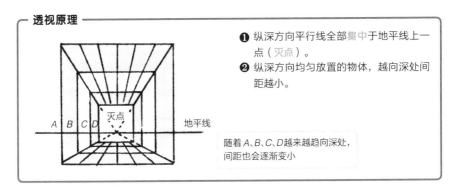

透视原理

❶ 纵深方向平行线全部集中于地平线上一点（灭点）。
❷ 纵深方向均匀放置的物体，越向深处间距越小。

灭点

A B C D　　　　地平线

随着 A、B、C、D 越来越趋向深处，间距也会逐渐变小

这一发明被认为与当时西欧人的空间认识密切相关。从罗马式到哥特式时代，将单位空间有序排列的建筑构成形式在教堂等宗教建筑中广泛普及，成为一种定式。单位空间主要是指由支撑屋顶架构（交叉拱顶）的立柱所包围的一个单位区域。在罗马式建筑以后，人们开始认为"单位空间连续而成的整体"是建筑的一个定义。

站在入口处，沿纵深方向有序排列的列柱与地板和天花板上繁复的平行线收束于一点，这样的情景与基督教一神论的世界观不谋而合。

可以认为，当人们获得了与宗教理念完全契合的建筑空间时，能够对这一空间的特征进行描绘的制图方法也自然而然成为诉求之一。透视法正是实现这一诉求的载体。

一神论的宗教观，单位空间的连续组合，再加上透视法，三者结合成为初期文艺复兴的建筑原型。即使是数百年后的今天，在对空间进行观察时，当时的这些想法仍在塑造着我们的世界观。

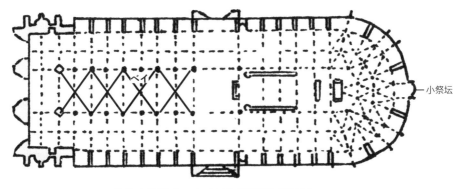

小祭坛

巴黎大教堂（1163-1250 年前后）平面图

圣母百花大教堂

26

挑战不可能!
世界最大级别石造穹顶

圣母百花大教堂(1436年献堂)

相关·笔记 穹顶、万神庙、文艺复兴

人物·设计者 菲利普·布鲁乃列斯基

　　圣母百花大教堂 1436 年竣工于佛罗伦萨，是当地的主教座堂，由大教堂（duomo）、圣约翰洗礼堂、乔托钟楼三座建筑物构成，其中的大教堂是文艺复兴初期代表作之一。

　　这座大教堂到完工为止耗费了极其漫长的时间。这是为什么呢?

　　最初是在 1294 年，雕塑家阿诺尔夫·迪坎比奥（Arnolfo di Cambio）被委托设计教堂，但就在 1302 年，阿诺尔夫离世，教堂的设计也被迫中断。

　　1334 年，继任者乔托（Giotto di Bondone）尝试进行钟楼的设计。然而 1337 年，乔托也离开人世，工程再次中断。

　　1355 年，工程再次开始。以弗朗西斯·泰伦提（Francesco Talenti）为首，经由总共 6 位雕塑家、建筑师之手，终于在 1380 年完成了大教堂的中廊部分。1410 年，用于支撑穹顶（cupola）的基座建成，穹顶以外的建筑体宣告竣工。

　　但从这一时间点一直到 1417 年为止，穹顶的架设方法始终在摸索之中，经由各类设计图纸与模型，人们进行了大量探讨。穹顶的建设在技术上异常困难，这是由于其规模已然超过了当时号称世界第一的古罗马万神庙（参照 10）！

　　1418 年，为了顺利建成穹顶，方案进行了公开征集，最终，菲利普·布鲁乃列斯基（参照 25）提出的设计方案受到青睐，穹顶也在其指导下开始施工。

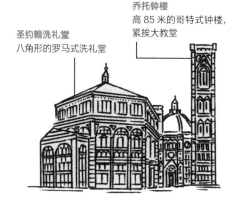

乔托钟楼
高 85 米的哥特式钟楼，紧挨大教堂

圣约翰洗礼堂
八角形的罗马式洗礼堂

　　1434 年，穹顶竣工，而穹顶上的灯塔则完成于 1461 年。再往后到大教堂西侧正面的改建工程结束，已经是 1887 年了！

　　就这样，经过漫长的时光与几代人的奋斗，圣母百花大教堂宣告竣工。

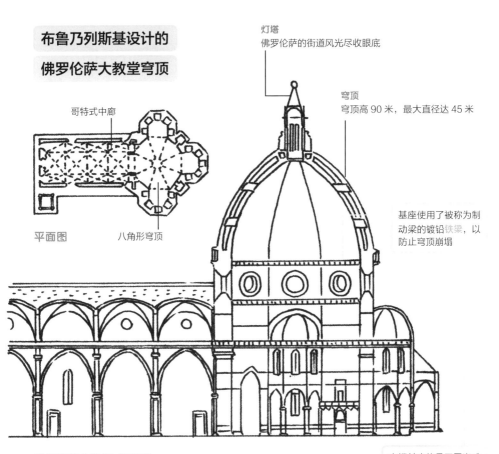

布鲁乃列斯基设计的
佛罗伦萨大教堂穹顶

灯塔
佛罗伦萨的街道风光尽收眼底

穹顶
穹顶高 90 米，最大直径达 45 米

哥特式中廊

平面图   八角形穹顶

基座使用了被称为制动梁的镀铅铁梁，以防止穹顶崩塌

圣母百花大教堂 剖面图

支撑基座的是四周半球形的半拱顶式扶壁

布鲁乃列斯基提出的方案是一种相互独立的双层结构，整个结构自下而上垒砌而成，建设时无须脚手架，可以说是划时代的施工方案。双层构造使屋顶整体的重量增加，市民们十分担忧可能存在的风险隐患，但巨大的穹顶如期完成。

穹顶的双层结构中，内侧穹顶是主构造，外侧穹顶作防雨罩

布鲁乃列斯基

穹顶在布鲁乃列斯基死后才竣工

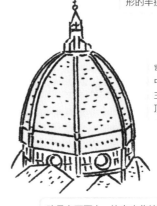

砖是自下而上一边向内收缩一边堆叠而成。下侧使用到了石材而不是砖块

圣彼得大教堂

27 古典主题重生后的比例之美 文艺复兴建筑

圣彼得大教堂
（奠基于 1506 年）

立面和列柱廊是巴洛克风格

相关·笔记 哥特式建筑、希腊神庙、风格主义

人物·设计者 布拉曼特、米开朗基罗

15 世纪，佛罗伦萨成长为欧洲最繁荣的城市之一，建筑的文艺复兴也从此开始。活跃的商业系统带来了宽裕的生活，积累了深厚文化素养的商人与贵族们率先着手于文化运动的开展。

这段时期，人们开始重新审视古罗马的古典文化，古罗马建筑也成为最重要的范本。但与此同时，仅凭文艺复兴时代工匠们的经验和惯例，很难将神庙、浴场这类古罗马建筑与新时代的要求——教会、宅邸等的文艺复兴化相对应。

因此，建筑师必须能够凭借理论推导与理性思考，进行自主性的研究和提案。那么，文艺复兴建筑具体是怎样建造的呢？

古罗马 ＋ 教堂 ＝ ？

天才列奥纳多·达·芬奇
（1452–1519 年）

这还不简单！

顺带一提，文艺复兴的原意是"重生"

关于集中式教堂的研究
（达·芬奇《巴黎手稿》）

特征❶ 古代主题"柱式体系"的复兴

在文艺复兴中，呈现整数比、音阶关系或规律性的事物被认为是符合理想的。

与此同时，古代建筑遗迹与维特鲁威的《建筑十书》揭示出，柱式体系正是呈现和谐与比例的系统。

也就是说，人们认为柱式体系[*1]是美的根源，也最适合作为新建筑的构成要素。

山墙

分隔下层的柱顶盘

拱券

柯林斯式圆柱

拱廊

佛罗伦萨孤儿院（1419–1445 年）
设计者：布鲁乃列斯基

---

*1 此外，在古罗马的原则中，柱式体系是"不用于支撑拱券"的。随着后来研究的进展，这一错误的用法也被修正。

特征❷　比例与和谐之美

　　接下来，建筑整体的比例将会根据柱式体系来决定。

　　如果观察鲁切莱府邸，就会看到在檐口首先产生的水平区域。接着，柱式体系的壁柱（依附于墙壁的扁平柱体）将建筑划分为垂直区域。此外，各层的比例与窗的配置也遵循柱式体系的原理。这些正是古罗马斗兽场研究成果的体现。

　　文艺复兴建筑中，装饰性的柱式和由此构成的比例尺度，在水平和垂直方向上做出划分贯彻了和谐之美。

壁柱使用柱式

拱券

檐口

鲁切莱府邸
（设计：阿尔贝蒂）

特征❸　巴西利卡式 + 集中式的解答

　　象征天空的圆，或是被视为完美的正方形和正多边形，与人类的理性和宇宙的构成相互协调，被认为与教堂建筑相契合。然而实际上，巴西利卡式建筑才更适合举行典礼。

　　这一难题的解答正是天主教世界最大规模的教堂——梵蒂冈的圣彼得大教堂！

具有令人倾倒的震撼力和纵深感，圣光倾注而下的巨大穹顶带来向心性，这就是圣彼得大教堂！

　　内部再次应用了柱式体系，柱顶盘强调了水平方向的轴线，天花板则由拱顶和穹顶组合而成，大穹顶与四个小穹顶构成了希腊十字式布局（参照16）。米开朗基罗[2]对难题所做的这一解答，成为文艺复兴后期的杰作。

　　这一时期的建筑与中世纪截然不同，其中包含着以人为本的文艺复兴思想。文艺复兴使欧洲的文化史与精神史为之一新，与艺术世界一同呈现出了无限的可能性！

*2　圣彼得大教堂的施工时间十分漫长，建筑师和设计方案都在变化更替。布拉曼特（方案a）→拉斐尔（方案b）→安东尼
　　奥·达·桑加罗（方案c）→米开朗基罗·博那罗蒂（方案d）

相关·笔记	文艺复兴建筑
人物·设计者	列奥纳多·达·芬奇

香波尔城堡

28

寄托于双螺旋阶梯的**理想城市**

香波尔城堡
（1519-1547 年）

　　法国香波尔城堡中有着双螺旋形式的阶梯，如果使用不同的两段阶梯，就可以在互不相遇的情况下到达三楼。使用这种结构的建筑物在近代以前十分稀少。

　　列奥纳多·达·芬奇与城堡的主人弗朗索瓦一世是挚友，而据说，这一楼梯的设计也与他有关。

达·芬奇构想的理想城市（《巴黎手稿 B》表 16）

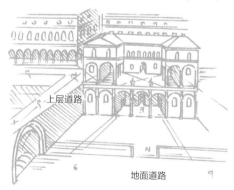

上层道路

地面道路

剖面图（《巴黎手稿 B》表 36）

结构分为三层，分别是上层道路，地面道路与地下水道。在设想中，水道同时也是船运的通道

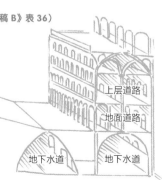

上层道路

地面道路

地下水道　　地下水道

　　除此之外，据说达·芬奇所构想的"理想城市"的一部分在这座城堡中也得以实现。那么，所谓"理想城市"到底是什么呢？

　　达·芬奇作为文艺复兴的代表性画家、发明成果繁多的科学家广为人知，他的画作与发明的详细内容可以在《巴黎手稿》中窥见一斑。

　　所谓《巴黎手稿》是指达·芬奇一生中留下的各类笔记和素描，仅仅是现存的部分就多达 10 部以上，内容涉及绘画、数学、解剖与机械工程等多个领域，其中也包含关于"理想城市"的记述。

1484—1485 年，如同其他许多城市的情况一样，鼠疫在米兰也十分猖獗，人口过密导致的环境卫生条件下降被认为是主要原因。在《巴黎手稿》中，达·芬奇记述了解决这一问题的相关想法。

首先，他将道路的功能立体地划分为两个部分。一部分是设置于地面的道路，通向住宅的后院和厨房，这是为货车和其他搬运用车设置的通道；另一部分是设置于 3.6 米高处的道路，通向住宅二楼的客厅，只供行人使用。

在这两部分之下，他还设计了连通地下空间的水道，水流可以用于冲洗脏物和排出垃圾等。

这一划时代的想法与 20 世纪完备的近代城市规划颇有相通之处，竟然在 400 多年前就被构思出来。

为各个住户设计了独立楼梯

理想城市 4 层住宅
（《巴黎手稿 B》表 47）

在香波尔城堡内实现的"理想城市"

这种划分道路的方式，不仅被达·芬奇用于确保城市的功能，还被运用在住宅中以解决人口过密的问题。

图中的 4 层住宅有 4 个入口和 4 段阶梯。各段阶梯设置成螺旋状，使各层的住户保持独立，即便在过密状态下也能过上舒适、卫生的生活。

在文艺复兴时期，建筑师和科学家们参与了理想城市的构思，但其中大部分都是以乌托邦的形式来描绘的。在这之中，可以说达·芬奇的方案确实具有科学理论与合理性的支撑。

理想城市由于规模过于庞大最终没能实现，但采用双螺旋阶梯的香波尔城堡，被认为是唯一一座实现了达·芬奇"理想城市"构想（一部分）的建筑物。

香波尔城堡 双螺旋阶梯

得特宫

29 对废墟的向往 起始于风格主义

得特宫
（1535 年）

相关·笔记 文艺复兴建筑
人物·设计者 朱利奥·罗马诺

　　兴起于 15 世纪的文艺复兴以古罗马建筑为范本，在西方掀起了一股热潮。但进入 16 世纪以后，人们开始对文艺复兴抱有反感、违和感甚至是厌倦感，并摸索出了打破这种安稳状态的崭新手法，这种手法也被称为风格主义。

　　风格主义最大的特征之一就是对样式的变形处理与偏离规范的表现。位于意大利北部曼托瓦的得特宫就很好地诠释了这一特征。

　　当时的曼特瓦是曼特瓦侯国的君主国，但因为是小国，政治上并不稳定，因此向境外诸国展示智慧与艺术的成果成为一种必需。在当时的君主费德里科二世·贡扎加（Federico II Gonzaga）命令之下，后来成为贡扎加家族御用艺术家的朱利奥·罗马诺（Giulio Romano）开始着手得特宫的设计。

　　从平面图中可以看到规整的中庭，似乎呈现出安于古典样式的传统宅邸的模样。但如果仔细观察建筑细节，就可以发现朱利奥·罗马诺的"离经叛道"之处！

原本的三陇板

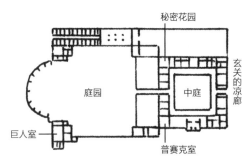

得特宫 平面图

秘密花园
玄关的凉廊
庭园
中庭
巨人室
普赛克室

原本的山墙

这就是风格主义的典型案例！打破常规的设计

例如，细看三角形屋顶两侧开窗的山墙，会发现作为窗口重要构成部件的拱心石，比原本应在的位置稍微向上偏移，从而在顶点处留出了缝隙。

与此同时，窗口上部的三陇板却呈现出错位和向下滑落的趋势。

这些都是有意打破原有规范的设计手法。

拱心石和三陇板在结构上都是至关重要的部件，假如真产生这样的变形，很可能会导致建筑倒塌。这样的光景使观者难免大吃一惊。无须猜测，这应该也是朱利奥·罗马诺的意图之一。

本来与两侧齐平的三陇板，竟然在向下滑落！

得特宫的三陇板

事实上，这些都是用灰泥制成的装饰物，特意在坚固的结构体上涂饰而成。

在这个对文艺复兴样式审美疲劳的时代，罗马诺的手法脱离了样式的束缚，其艺术价值也得到了肯定。

本来形状完整的山墙，竟然在正中空出了间隙！

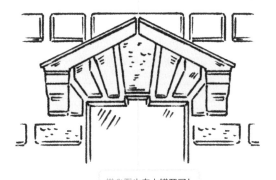

拱心石也向上错开了！

得特宫的山墙

此后的历史中，新样式的流行与衰退循环往复，而在衰退之时，废墟时常作为建筑表现的主题出现。也可以说，风格主义正是构筑起整个废墟美学体系的一个原点！

怎么样！风格主义也很值得推敲吧

朱利奥·罗马诺
（1499–1546 年）

圆厅别墅

30

对后世西方建筑
影响深远的**别墅建筑**

圆厅别墅（**始建于1550年**）

【相关·笔记】文艺复兴建筑、柱式体系、
轴对称
【人物·设计者】安德烈亚·帕拉第奥

文艺复兴时期受到人们喜爱的数学理论究竟是怎样的呢？请允许我在这里介绍一下最为流行的"黄金比例"。

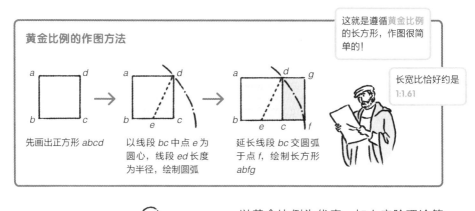

这就是遵循黄金比例的长方形，作图很简单的！

长宽比恰好约是
1:1.61

黄金比例的作图方法

先画出正方形 abcd

以线段 bc 中点 e 为圆心，线段 ed 长度为半径，绘制圆弧

延长线段 bc 交圆弧于点 f，绘制长方形 abfg

从石匠摇身一变
成为建筑师！

安德烈亚·帕拉第奥
（1508–1580 年）

活跃在威尼斯附近的建筑师。融汇了数学理论的建筑作品自不必说，还留下了《建筑四书》等优秀的理论著作，对后世产生了巨大的影响。在英国，甚至掀起了帕拉第奥主义（Palladianism）潮流

以黄金比例为代表，加上音阶理论等各领域的研究成果，这些理论一同导向建筑美学，成为造型原理的基础。

安德烈亚·帕拉第奥（Andrea Palladio）是文艺复兴时期的代表性建筑师，他致力于追求由数学、音乐理论构成的建筑比例体系，以及文艺复兴引以为傲的古典建筑复兴！

15 世纪中叶，为了维持威尼斯繁荣的贸易，贵族们开始关注在威尼斯附近的维琴察开展的农业活动，而别墅建筑正是他们的重要据点。

"别墅（villa）"是指文艺复兴时期建设在城市近郊的别墅（或领主宅邸），都市宅邸则被称为"府邸（palazzo）"

圆厅（rotonda）是指"覆盖屋顶的圆形大厅"

于是，经由帕拉第奥之手将数学的和谐之美具象化的杰作，圆厅别墅诞生了！

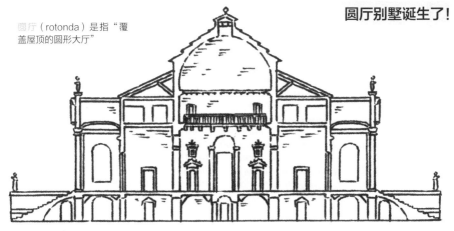

圆厅别墅 剖面图

主室呈圆形，与万神庙形制相同！

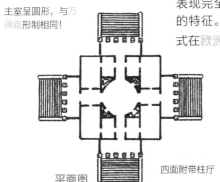

平面图　四面附带柱厅

雕饰使用了神庙建筑立面的母题，且四处立面表现完全相同，对称性与向心性成为这座建筑最大的特征。出于帕拉第奥的影响，神庙立面的表现形式在欧洲掀起了一场潮流！

帕拉第奥的建筑要点！
❶ 柱厅的柱顶盘与墙面连为一体，由此柱式体系的原理得以贯穿整个建筑物，产生出统一感！
❷ 尽管使用了严肃的图形组合手法，爱奥尼式圆柱却能够缓和整体气氛。

圆厅别墅的图纸上标示了代表比例关系的数字。

这些标记中体现的长、宽、高与音乐理论中的协和音程恰好成比例。此外，正方形与圆形这两种被认为呈现出宇宙之和谐的理想图形，在这座建筑中被完美地组合在一起。这两点堪称是理论与实践的绝妙结合，而在帕拉第奥以前，还没有建筑能够如此完全地呈现出宇宙之和谐。

帕拉第奥的理论与建筑是如此出类拔萃，以至于直到 20 世纪，他都仍然是建筑师们学习的对象。例如建造于 1930 年的萨伏伊别墅（参照 57）由勒·柯布西耶设计，其中就蕴含着与圆厅别墅的类似性。建筑跨越时空，影响着不可计数的人、物与事件，从作为文艺复兴理想建筑的圆厅别墅中，可以真切地感受到这一点。

卡比托利欧广场
（1536 年前后）

31

巨柱式来到
府邸之中

保守宫（1561–1584年）

相关·笔记 文艺复兴建筑、风格主义、
巴洛克风格建筑

人物·设计者 米开朗基罗·博那罗蒂

16 世纪中期，文艺复兴建筑进入了成熟时期，比从前更为精准的古典建筑语言作为文艺复兴的终极追求，被广泛运用在富裕市民阶级的宅邸和政府大楼等建筑之中。

其中之一就是罗马的法尔内塞宫。小祭坛形的窗户整齐排列，呈现出雕塑般的样貌，强调其复兴古典样式的倾向。圆柱安放在基座之上，与窗台相结合，形成与罗马斗兽场相仿的水平条带。这些要素无一不展现出全盛时期文艺复兴建筑的格调之高。

然而，正因为此时的建筑手法已经足以超越古代建筑，人们逐渐失去了可供追随的目标。艺术家们为了冲破这一闭塞的局面，开始对各类手法（maniera）尽心钻研。

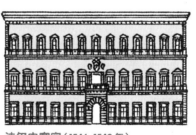

法尔内塞宫（1546–1549 年）
米开朗基罗设计了二楼中央的窗、三楼部分以及檐口装饰

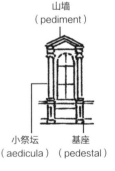

山墙
（pediment）

小祭坛　　基座
（aedicula）（pedestal）

紧接着，这位天才掀起了新时代的热潮。

没错，就是米开朗基罗！

米开朗基罗·博那罗蒂
（1475–1564 年）

他以雕塑家自居，同时也是绘画、建筑方面的天才。圣彼得大教堂竟是他 70 岁以后的作品

代表作有《最后的审判》《大卫像》等

最近和男友的约会总是相同的模式

真是一成不变（日语中词源为 maniera）啊

由巨柱式构成的风格主义建筑正是绝佳的例证！

元老宫
（卡比托利欧广场内）

巨柱式

以粗石贴面装饰，
宛如神庙的基坛

左右对称的阶梯

通常而言，柱式的高度往往限制在一层以内，层与层间会使用柱顶盘等进行水平方向的划分。然而在元老宫中，米开朗基罗竟然将水平要素一律舍弃，采用了高度跨越两层的巨柱式！柱础之上强调纵向线条的巨柱式摒弃了立面的琐碎分割，为建筑带来了极具风格的崭新表现形式！

除此之外，米开朗基罗还在保守宫中运用巨柱式形成纵向分割线，并在其中插入中柱式和小柱式，形成了轻盈且丰富的墙面变化。

正是有了巨柱式的登场，作为文艺复兴建筑特征的水平分割开始转向垂直分割，进而为建筑加入了富有动态的立面要素。这一伟大创举将为后世的建筑所继承。

话说回来，拜占庭建筑、罗马式建筑、哥特式建筑将内部空间视为神圣的场所，相比之下，文艺复兴和风格主义建筑关注的重点则是观者（特别是从外部）的视线。元老宫、保守宫所在的卡比托利欧广场采用了梯形平面与椭圆形纹样，整体上给人风格主义的统一感的同时，在形态和布局上给人以动态的感受，似乎蕴含着随之而来的巴洛克风格的预兆。建筑自身总是会为我们提供指向下一个时代的路标！

保守宫
（卡比托利欧广场内）

小柱式

中柱式

巨柱式

四喷泉圣卡罗教堂

32 庆典的剧场与惊异的演出 巴洛克风格建筑

四喷泉圣卡罗教堂
（1638-1667 年）

相关·笔记 文艺复兴建筑、风格主义、洛可可风格
人物·设计者 弗朗切斯科·博罗米尼

巴洛克风格是一种综合艺术，需要大量知识与财富的积累作为基础，这样一种风格是如何形成的呢？

为建设圣彼得大教堂（参照 27），天主教会出售免罪符以筹措资金。对此感到荒谬至极的马丁·路德率先提出异议。

自此掀起了一场反天主教运动，甚至关系到后来的宗教改革。天主教会在巨大的危机感之下，开始意识到讨回民心一事刻不容缓。自此，掀起了诉诸观众情感的宗教典礼热潮。

那么，究竟是怎样的建筑，成为彰显天主教威势的舞台呢？

天主教是不是有些挥霍无度了

对天主教进行批判，随之产生的崭新教派称为新教

马丁·路德
（1483-1546 年）

具体来说在
● 使用巨柱式（参照 31）
● 采用富于立体感的立面
● 应用柱式体系、操纵立体感
等方面有所不同

这很好地表现在了圣彼得大教堂的立面上！

比较来说

文艺复兴建筑	巴洛克风格建筑
● 有规律的元素反复	● 有强弱对比的节奏感
● 空间构成具有一定的节奏	● 比起规律性更倾向于跃动感
● 采用静态的自我完结的图形，如正圆等	● 采用暗示收缩变形或夸张表现的图形，如椭圆等

均等

动态

内部使用柱顶盘水平分隔墙面、穹顶与拱顶，由此产生的强烈节奏感在巴洛克风格的建筑中很受青睐。这与哥特式建筑中垂直上升的空间倾向背道而驰。

罗马巴洛克风格极富戏剧性且往往抑扬顿挫，作为这一风格的代表性建筑——四喷泉圣卡罗教堂绝对不容错过！

将作为文艺复兴建筑理想的穹顶置于集中式教堂中央，满足巴西利卡式要求的同时，走向巴洛克风格建筑的巅峰

在穹顶内侧，由十字形、正六角形和正八角形组合而成的拱顶，在椭圆的统率下获得了活泼的动态感。

柱顶盘强有力地缠绕回环在蜿蜒复杂的墙面上，科林斯式柱式则被巧妙地布置在厅中。建筑内外多用曲面，在整体上构筑出幻想般的氛围，堪称经典之作。其设计

四喷泉圣卡罗教堂 内部

者是巴洛克风格的代表性建筑师——弗朗切斯科·博罗米尼（Francesco Borromini）。

在巴洛克风格的建筑中，绘画、雕塑与建筑浑然一体，创造出壮丽的奇观。走在罗马市内，方尖碑作为纪念碑矗立，广场的雕塑与喷泉至今仍栩栩如生，壮丽的大道将建筑与建筑相连，城市本身仿佛就是一座巴洛克风格的庆典剧场！

为使天主教改革的精神结出果实，走向更加广阔的世界，建筑的力量不可或缺。从此，巴洛克风格在整个欧洲呈现出空前盛况。

接下来，随着西班牙、英国、葡萄牙向南北美洲、亚洲、非洲等地开拓的时代到来，巴洛克风格建筑更是开始与世界各地的建筑产生联系！

虽然曾经是石匠，但现在开始做设计了！

弗朗切斯科·博罗米尼
（1599–1667 年）
巴洛克风格代表性建筑师

沃勒维孔特城堡

宛如张开双臂相迎的动态与巴洛克风格相通

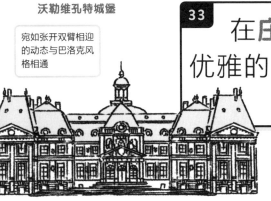

33

在**庄园**萌芽生长
优雅的法国巴洛克风格

沃勒维孔特城堡
（1657–1661 年）

相关·笔记 巴洛克风格、文艺复兴、古典主义

人物·设计者 路易·勒沃

法国正是夏多布里昂牛排的原产地

夏多布里昂牛排美味的口感！

听到法语中的庄园（Château）一词，也许一部分人最先想到的是某种牛排或是葡萄酒……但在法语圈的建筑界，提到**庄园**，往往是指**郊外的贵族宅邸**（位于城市的宅邸称为"hôtel"）。

17 世纪的法国，牢固的中央集权国家体系形成，与之相应的建筑形式也在摸索之中。这时恰逢**罗马巴洛克风格**（参照 32）在西方形成一股建筑潮流，代表作正是反古典主义的**四喷泉圣卡罗教堂**。法国在受到其影响的同时，又以柱式体系的精确比例与古典语汇的准确把握为基础，创造了合乎理性且偏向古典主义建筑（详细参照新古典主义 36）的**法国巴洛克风格**。简要来说，法国巴洛克风格具有**浓厚的古典主义成分**。

巴洛克风格应当更为优雅！

路易·勒沃
（Louis Le Vau）
（1612–1670 年）
国王钦定首席建筑师。设计作品包括沃勒维孔特城堡、凡尔赛宫等

另一个要点在于，当时的**中产阶级**已经具备足以剖析意大利新艺术动向的学识积累，在他们的推动之下，**法国巴洛克风格的庄园**（贵族城堡）**诞生**了。

法国巴洛克的特征主要在于：
● H 形平面布局成为宅邸设计的基本方案
● 窗顶采用弓形山墙
● **陡坡屋顶上开老虎窗**等各个方面！

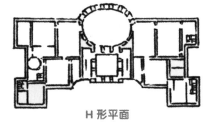

H 形平面

法国巴洛克风格的特征是静态与直线要素

陡坡屋顶和老虎窗

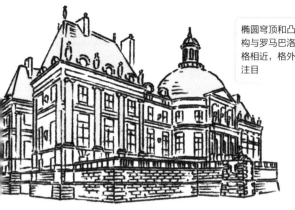

椭圆穹顶和凸出结构与罗马巴洛克风格相近，格外引人注目

在这类庄园中脱颖而出的，正是属于路易十四的财政总管尼古拉·福科的沃勒维孔特城堡。这是建筑、内饰与庭园三者兼备的一件优雅杰作！

采用巨柱式的灵动墙面与雕塑极具巴洛克色彩

沃勒维孔特城堡（庭院一侧）

使用灰泥（石灰掺杂着大理石粉等混合而成的材料）装饰，或者采用错视画法（Trompe-l'œil）作画，这些细节都属于巴洛克风格的体现

精美的灰泥果实装饰
（卧室的天花板装饰）

内饰由首席宫廷画家夏尔·勒布伦（Charles Le Brun）设计

庭园由首席园艺师安德雷（André Le Nôtre）负责设计

从城堡沿中央轴线前进，瀑布与洞窟风装饰会逐步显现，呈现出罗马巴洛克风格的效果

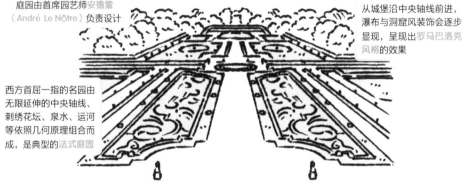

西方首屈一指的名园由无限延伸的中央轴线、刺绣花坛、泉水、运河等依照几何原理组合而成，是典型的法式庭园

沃勒维孔特城堡美轮美奂，竟使路易十四不由得心生嫉妒。为超越这座建筑，路易十四直接将参与沃勒维孔特城堡设计的三位艺术家招致麾下，开展了自身的宫殿建设。

此后，像万花筒般将多种样式融为一体的纯白色大型建筑——凡尔赛宫宣告竣工！

建筑之外的巴洛克风格特征

绘画——透视法（参照 25）被刻意使用。尤其在宗教画中加入直接诉诸信仰的戏剧性内容（委拉斯凯兹等人）

雕塑——空中飘浮感与自然的真实感，以及类似于戏剧性高潮的表现（贝尼尼等人）

音乐——有意识地在演奏中加入强与弱的对比（巴赫等人）

巴赫
（1685–1750 年）

和其他样式相对比，就可以很清晰地看到不同之处！

路易十三的小城堡

外观呈双色，由当时常见的红砖配上奶油色石块组成

34

极美的**宫殿**是波旁王朝的万花筒

凡尔赛宫
（新城堡～镜厅 1668–1684 年）

相关·笔记 巴洛克风格、洛可可风格、新古典主义、庄园

人物·设计者 路易十四、路易·勒沃

路易十四也被称为太阳王，在他手下，君主专制迎来了鼎盛时期，政治与文化的霸权相继确立，法国样式在建筑、雕塑、绘画、文学、音乐等各个领域轰轰烈烈地推进。在这样的背景下，有一座建筑将当时的权威与思想、礼仪和生活都栩栩如生地呈现给现在的我们，这就是凡尔赛宫！

凡尔赛宫由路易十四兴建，是从路易十三时代流传下来的小城堡扩建而成，而沃勒维孔特城堡（参照 33）正是扩建的契机。

路易十四（1638–1715 年）

当时实在是心生羡慕，所以我也要建造城堡！要向世间展示我的绝对权威

勒沃啊，可不要拆毁父亲的小城堡。建一座展现法国特色的新城堡吧

路易·勒沃

小城堡原本是路易十三狩猎后用于休憩的建筑，已经有点陈旧了，所以原本是想拆除的……

路易·勒沃采用将路易十三的小城堡包裹在内的形式（在当时被称为包围建筑），完成了新城堡，即凡尔赛宫的设计。

完美！不管从哪个角度看都焕然一新！

露台后的镜厅
小城堡
皇后套房
皇后阶梯
国王套房
大使阶梯
玄关

新城堡竣工时的二层平面图

在平面布局中，有注意到什么不同之处吗？是的，整座建筑中没有走廊，这也是近代宫殿建筑的一个特征，这些相互串联的一系列大厅被统称为套房（apartment）。此外，天顶画的主题也与沃勒维孔特城堡截然不同，以太阳神阿波罗为中心，古代神话的宏大世界在眼前展开！这是意图通过绘画、雕塑与建筑构成的永久性艺术彰显王之荣光。

国王的寝室绘有太阳神。场面声势浩大且壮丽无边，通过描绘显示出国王的种种美德

庭园喷泉中的雕塑

雕塑展现出阿波罗的英勇形象，正是日复一日勤于政务的国王的化身

野外庆典场景

此外，在多次举行的野外庆典和宴会中，广阔的庭院和豪华的宫殿都化身为舞台的演出装置！

为营造理想的喷泉，更是不惜投入巨额资金，甚至从天主教列日教区（比利时）进口装置，招聘工匠。这也是观光时不容错过的部分。

而最大的亮点必然是镜厅。

值得注意的是，此前介绍的以太阳神为中心的象征性绘画在镜厅中摇身一变，成了路易十四本人的画像。

同时，庭园中也不再是太阳神的神话雕塑，转用更具艺术价值的古代雕塑作品。也就是说，这是将路易十四神格化的尝试，也是面向古典的胜利宣言！巅峰之作凡尔赛宫，在绘画、雕塑、音乐、戏剧、生活与思想等方面无一不体现出巴洛克风格的印记。

路易十四也在这里走向了顶点。

然而，时代的车轮还在滚滚向前。

凡尔赛宫 壮丽的镜厅

凡尔赛宫投射出多样的建筑类型，以及当时的事件、政治、经济与思想，可谓是时代的万花筒！

成为全欧洲的憧憬，在17世纪以后大约半世纪的时间里，掀起了一股宫殿建设热潮

凡尔赛宫过于庄严隆重，催生了后来的大小特里亚农宫

是不是太奢侈了一点？
走向如画式风格

玛丽·安托瓦内特

凡尔赛宫的诸多影响

新古典主义的先兆 　　 为消除巴洛克的夸张，走向了洛可可风格

凡尔赛宫中挥霍无度的奢华装饰，或许也是法国大革命的原因之一。

不过，回望希腊和罗马时代，事情又是怎样的呢？繁荣的国家带来崭新的建筑、艺术、技术与文化，也建立起富饶生活的基础，这一点不可否认。只能说在解读历史时，多方位的视角往往会带来更为全面的思路。

洛可可风格的绘画
（弗拉戈纳尔，1767 年）

秋千

35 张扬的巴洛克脱胎换骨
成为华美的**洛可可风格**
苏比斯府邸
（1735–1737 年）

相关·笔记 巴洛克风格、新古典主义

人物·设计者 勃夫杭（Gabriel Germain Boffrand）

路易十四崇尚奢华的装饰，洛可可风格则起始于对这一风气的反对，还有远离宫廷严苛氛围的期望。

路易十五喜欢明快的色彩，还有着刺绣的兴趣爱好，因此洛可可风格不仅限于建筑，在绘画、餐具、工艺品设计等方面也被广泛应用

平滑的曲线！

因此，比起巨大的公共空间，洛可可风格更倾向于追求个人化的舒适感受，也就是说，是从追求室内的愉悦氛围开始的。与巴洛克风格不同，洛可可是明亮、细腻且柔美的。

一个特点在于，洛可可不再像从前那样运用圆柱和壁柱，而是通过曲线形框架的描绘来进行壁面分节。自由且优美的曲线充盈在整个空间当中，体现出与古典法则之间有意识的对抗。以圆弧替代折角，以柔和的曲线替代直线，这样的细节所包裹的空间有着温柔的、女性的特质。

镜子

猫脚椅

枝形吊灯

拼花木地板

苏比斯府邸 内部

由于天花板和墙面的边界不再清晰可辨，室内开始融合成为一个整体，这正是洛可可风格的本质。而雕塑，绘画，甚至是家具全部浑然一体的苏比斯府邸，乃是法国洛可可风格的杰作！

有趣的是，洛可可风格首先产生于对巴洛克风格的批判，之后却反被巴洛克风格同化吸收。特别是在德国，洛可可的魅力令人目眩神迷，很快就被积极地运用到建筑当中。

十四圣徒朝圣教堂
（1743-1772 年，诺依曼 B.Z.Neumann）

虽然使用了巴西利卡式的平面布局，但中心轴线上排列着 3 个椭圆

教堂内有两个中心，分别是十四位救济圣者的礼拜堂，以及小祭坛的高坛

在复杂的曲线中，大小不一的椭圆呈现出脉搏般的动态。通过这一手法，文艺复兴、巴洛克风格中柱顶盘与柱式体系的存在感和作用一齐被削弱，内部空间连为一体。这正是洛可可风格的体现

洛可可风格诞生后，迅速在意大利、德国、西班牙等国家普及开来。然而，追求科学性与合理性的呼声，以及对贵族传统和教会权威的批判日益高涨。

时代正向着启蒙思想前进。

所谓启蒙思想，是指抛弃此前的固有观念和先入为主的想法，破除旧弊，以构建平等社会为理论指导的思潮！

学者们

虽然洛可可风格家具中的猫脚形状在后来转变为直线，但带来舒适感的填充物却被沿用下来！一旦获得舒适感就很难再度舍弃，人类本性中的这一部分也很值得玩味！

好舒服～

软绵绵

洛可可风格的座椅

于是，洛可可风格被视为是轻浮柔弱的表征，与巴洛克风格一同被批判为"古典本质的迷失"。与此同时，更为严肃正统的建筑风格开始为人们所追求，新古典主义建筑初露头角！

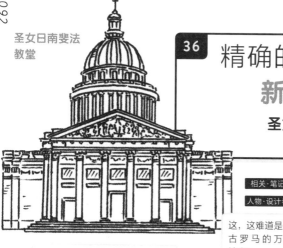

圣女日南斐法
教堂

36

精确的时空穿梭！
新古典主义

圣女日南斐法教堂
（1755—1780 年）

相关·笔记 希腊神庙、柱式体系、巴洛克风格
人物·设计者 索夫洛（J.G.Soufflot）

立面采用神庙风格的山墙和立柱，
增强了古典风格的表达

这，这难道是
古罗马的万
神庙？

为什么会出现在巴黎？

原始棚铺
（primitive hut）
洛吉耶《论建筑》（1755 年）

到了 18 世纪后半期，巴洛克风格和洛可可风格作为教权和王权的象征，开始遭受民众的敌意。与此同时，考古学研究稳步进展，以庞贝为首的古罗马遗迹重见天日，对古希腊帕特农神庙（参照05）的实地考察也在进行之中。

以此为背景，人们推崇古代建筑中忠实于柱式的纯粹建筑，相应的呼声日渐高涨。此外，德国美学家温克尔曼（J.J.Winckelmann）宣扬启蒙思想，且将"高贵的单纯"作为美的至高追求，这也成为推崇古希腊艺术的一个契机。不过，这一时代不仅仅是回归古典，还基于以洛吉耶（abbé-Marc-Antoine Laugier）为代表的新美学思想，对古典艺术做出了合理的崭新诠释，并创造出了相应的建筑作品！以准确的历史考证与理论为基础，将新古典主义作为理想，新时代的建筑在巴黎诞生了。

希腊建筑以最小限度的建筑要
素——柱、梁、双坡屋顶为基础，
发展到了美的境界，这才是本质！

人们发现了帕埃斯图姆古城！

希腊建筑原来是这副
模样……

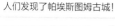

考古学家

这一时期，古希腊以来的历史
框架逐渐清晰

回归最为本源的原点
才能做到至高无上。
墙壁和无意义的装饰
都可以舍弃

洛吉耶
（1713—1769 年）

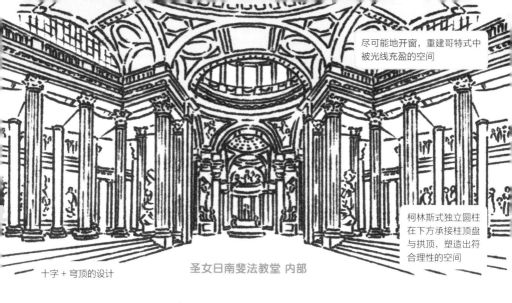

尽可能地开窗，重建哥特式中被光线充盈的空间

柯林斯式独立圆柱在下方承接柱顶盘与拱顶，塑造出符合理性的空间

十字＋穹顶的设计

圣女日南斐法教堂 内部

以柱、梁为元素实现纯粹构造美学的高纯度新古典主义杰作

圣女日南斐法教堂（也称巴黎的万神庙）！

在圣女日南斐法教堂中，柱与梁形成了纯粹的构造美学。不过，只凭借圆柱支撑穹顶的话，想要大面积开窗以获得充满光线的空间，在结构上是有一定困难的。于是人们决定将立柱集中，用大量铁材进行加固，当初作为目标的纯粹空间也悄然发生了变化。古罗马时代，人们放弃了柱式体系的结构应用，而在经历 1500 多年后的巴黎万神庙中，同样的结局再次上演。

新古典主义的这一潮流承前启后，与接下来的希腊复兴（参照 38），进而与哥特复兴式建筑（参照 39）一脉相承。或许在我们的意识中已成历史的某些建筑形式，也可能在某个时刻去到未来！

到底是哪些要素偏离了纯粹的用法呢？

罗马时代以后古典要素的变化与发展小结

❶ 使柱式体系附属于墙壁——古罗马→万神庙内部（参照 10）

❷ 双柱——文艺复兴→凡尔赛宫小城堡立面（参照 34）

❸ 巨柱式和小柱式的并用——文艺复兴→保守宫（参照 31）

❹ 圆柱的不均匀排列——巴洛克风格→圣彼得大教堂立面（参照 27）

❺ 柱顶盘、山墙的扭曲和弯折——巴洛克风格→四喷泉圣卡罗教堂（参照 32）

❻ 壁柱、圆柱等的混用——巴洛克风格→沃勒维孔特城堡（参照 33）

* 出于对装饰过剩的巴洛克风格和洛可可风格的批判，将上述这些要素尽可能地剔除，正是新古典主义追求的理想。

百灵顿伯爵大屋的风景式庭园
与纪念碑
造园者：威廉·肯特（William Kent）

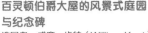

37

玛丽·安托瓦内特
钟爱的**如画式风格**

小特里亚农宫别馆
（1782–1786 年）

相关·笔记 新古典主义、哥特复兴式建筑
人物·设计者 理查德·米克（Richard Mique，建筑师）、
H. 罗伯特（Hubert Robert，画家）

由于**工业革命**带来的工业化，城市迅速为人工造物所包围。作为对自然风光、遥远往昔与异国文化憧憬的寄托，浪漫主义化身为**如画式风格**，掀起了一股建筑思潮。

凡尔赛宫总是充满条条框框，太叫人疲惫！

如果要用一句话概括如画式风格，那就是绘画般动人的风情！

玛丽·安托瓦内特
（Marie Antoinette）
（1755–1793 年）

如画式风格的特征

1. 建筑被庭院环绕
2. 纪念碑散布其间
3. 运河稍微蜿蜒
4. 地形不求平坦
5. 建筑比起匀称更追求自然的、不规则的状态

另外，可以说是对过于严肃庄重的**新古典主义**（参照**36**）的一种批判，如画式风格具有"**借由自由与自然追求价值实现**"的倾向。

在法国，**哲学家让－雅克·卢梭**（Jean-Jacques Rousseau）认为回归自然才是人的理想状态，这一思想也激发了人们**回归田园**的志向。

巴洛克风格	样式	如画式风格
王宫、教堂	建筑	农家风
严格、规整	特质	宽松、自由
几何式	庭园类型	风景式
控制自然	与自然的关系	展现自然
华丽	外观	朴素

在人工产业发展过度的社会中，权力、财富与名声等来自他人的认可逐渐将人们束缚。为获得自由，应该去追寻一种更接近自然的状态！

让－雅克·卢梭
（1712–1788 年）

出乎意料的是，当凡尔赛宫到达绚烂豪华之顶点，
在同一片土地上诞生了如画式建筑！

小特里亚农宫别馆

小特里亚农宫别馆，是为向往农民生活的玛丽·安托瓦内特而建设！不规则的池塘围绕着诺曼式的农家，与巴洛克风格的庭园呈现截然相反的风格，这一点很是耐人寻味。需要注意的是，这一次不仅仅是建筑和庭园样式的转变，更是当时的生活与思潮的反映。

草莓山庄
（Strawberry Hill）
（1748–1777 年）

另外，在风景式庭园的诞生地英国，作家霍勒斯·沃波尔（Horace Walpole）的草莓山庄也值得关注！

将哥特式建筑自由更改后产生的独特氛围，营造出一种微妙且富于趣味的异国情调。建筑内部以中世纪浪漫主义的建筑遗迹为主题，同时还进行了洛可可风格的演绎。

这时的人们所渴望的建筑，有着温暖和令人安心的氛围。
为对抗严苛的新古典主义和当时的社会形势，能够自由展现个人兴趣的空间不可或缺。丰富联想的体现，对于历史的回归，呈现自然形态的建筑……这一切与自然本身相结合，创造出了如画般的建筑景观。
这才是如画式风格的思想根源，也将是哥特复兴式建筑的起源。此外，它还将成为新时代建筑和庭园在多样化中维持和谐的基础，也将作为城市规划的基本原理而大显身手！

瓦尔哈拉神殿（1830–1842 年）
设计者：利奥·冯·克伦泽
（Leo von Klenze）

38 古代柱廊走向
希腊复兴

柏林老博物馆
（1824–1828 年）

相关·笔记 新古典主义、希腊神庙、历史主义
人物·设计者 卡尔·弗里德里希·申克尔
（Karl Friedrich Schinkel）

这难道是雅典的帕特
农神庙？

新古典主义中，包含着赞美希腊与罗马两种
古典建筑的倾向。进入 19 世纪后，一场致力于忠
实再现正统希腊建筑的希腊复兴运动（Greek revival ＝希腊的复活与再生），在德国轰轰
烈烈地蔓延开来。

因为容易混淆，在这
里说明一下古典主义
和新古典主义的区别

**卡尔·弗里德里希·
申克尔**
（1781–1841 年）

古典主义

文艺复兴
风格主义
巴洛克风格

※有意识地加入
古典元素，与
巴西利卡等建
筑不同

将古希腊、古罗马柱式等古典要素作
为设计语汇，融入变化的同时展开建
筑设计

新古典主义

更青睐希腊建筑的希腊
复兴

更偏好罗马建筑的罗马
复兴

通过与考古学相一致，高精度重
现古希腊、古罗马建筑

这背后主要有两个原因，一是前面章节提到的洛吉耶
和温克尔曼的理论（参照 36），二是希腊建筑带来的新鲜
感受众广泛（当时的希腊在土耳其统治下，不能够轻易访问）。

这里要介绍的柏林老博物馆，是德国建筑师卡尔·弗
里德里希·申克尔的作品，其灵感来源于古希腊的柱廊。

在古希腊时代，"柱廊"曾是向市民开放的多功能建
筑，集商业设施、社交场所、大型活动观众席等多功能于
一身，能够灵活应对各种需求。同时，由于四周柱列环绕，
在视觉上也能够给观者以美的感受。

柱廊

精确地使用古希腊造型语汇，

柏林老博物馆呈现出庄重且宏大的面容！

柏林老博物馆

建筑在几何学的基础上进行了合理设计，获得了易于使用的动线和采光方案。申克尔还将万神庙的穹顶融合在内部空间中，为建筑赋予整体化的美感，他被称为德国最伟大的新古典主义建筑师，也可以说是实至名归。

顺带一提，新古典主义由于具有庄严的形态和遵循理性的本质，时常被用于博物馆和美术馆的建造（大英博物馆就是一个代表）。

另一方面，在美国，希腊复兴作为表现本国特色的样式更是大放异彩。源自希腊的这一建筑样式，被认为与美国的民主主义，以及对学问、自由和美不懈追求的精神最为契合。

根据国家的立场、国情和文化传统来寻找合适的建筑样式，这样的过程与后来的哥特复兴一脉相承，甚至

柏林老博物馆 内部大厅

与工业革命（18世纪中期~19世纪中期）也有着密不可分的关系。急速成长的城市使得社会阶级水平分化，从而导致了社会中个人身份认同的疏离。

在新的问题日渐显著之时，建筑再一次成为救赎。哥特复兴诞生于如画式风格脉络之中，成为一道光芒，照亮了接下来的道路！

近代

39 工业革命的光与影
哥特复兴
牛津大学基布尔学院礼拜堂
（1857-1883 年）

相关·笔记 如画式风格、新古典主义、希腊复兴
人物·设计者 威廉·巴特菲尔德（William Butterfield）

英国皇家司法院（1874-1882 年）
设计者：乔治·埃德蒙·斯特里特
（George Edmund Street）

在这里简单解说一下，新古典主义与哥特式建筑带给人们的不同印象，以及哥特式被选中的理由！

哥特式被选中的理由

没有类似新古典主义的美学规范
↓
正因不设规范，反而不会被规律性、对称性所束缚
↓
因此，多座建筑物可以通过自由的方式不对称地相互连通，平面布局的设计也不会太困难
＋

在当时的英国，人们还不知道哥特式建筑起源于法国，哥特一直被误认为是英国传统的民族样式

以前面提到的希腊复兴和如画式风格为契机，在西方，昔日的哥特式热潮再次回归了人们的视野。

不同的印象

新古典主义
形状从对称性与规律性中导出，具有国家性，带有某种庄严感

哥特式
使人从丰饶的历史中联想到古老且美好的制度与道德、价值观与共同体

与此同时，以著作为载体，各种主张和思想的传播也是一个很重要的因素。

威斯敏斯特宫（参照 41）的设计者之一，奥古斯都·普金（Augutus Welby Northmore Pugin）曾主张："基督教国家的建筑应当全部采用哥特式建造。"而这种主张得到了国民的狂热支持。

此外，美术批评家约翰·拉斯金（John Ruskin）认为，"中世纪的建筑与装饰之美，来源于工匠做工时怀着的喜悦心情"，这一观点对中世纪社会进行了理想化，也与后来的工艺美术运动（参照 40）紧密相连。在这些言论的引导之下，维多利亚时代（1837-1901 年）后期，成为哥特复兴的全盛时期！

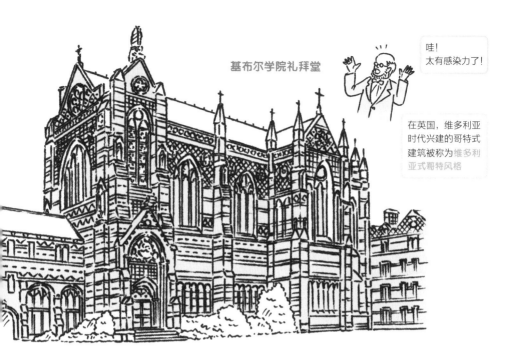

基布尔学院礼拜堂

哇!
太有感染力了!

在英国,维多利亚时代兴建的哥特式建筑被称为维多利亚式哥特风格

在基布尔学院礼拜堂可以看到,维多利亚式哥特风格的特征如下:

❶ 选择具有浓重、丰富色彩的石材、砖块与木材,对室内进行工艺性的浓厚装饰。

❷ 使用红砖与白石组合成墙面。

❸ 选用数十种颜色的砖块组合成几何图案和花纹。

科隆大教堂彻底于 16 世纪中叶停工,直到 1842 年才再度开工。借此契机,德国成为哥特复兴发展的一股重要推动力

以英国为首,工业革命带来了农业产量的提高与技术水平的上升,这些都使大规模生产成为可能。此后,生活的便利性有了飞跃性的提升。

另一方面,来自农村的打工者争先恐后地流入城市,人口开始过密,贫民窟也随之出现。工业发展还造成大气污染,基础设施不足与卫生条件下降又带来传染病等诸多问题……

由此可见,即便在文明更替的时期,光明之外还是存在黑暗,而哥特复兴恰在某些方面对资本主义社会所带来的不健全侧面进行了批判。此时此刻,经过理想化的中世纪作为一缕希望被发掘出来,在令人窒息的城市中成为一盏指路的明灯。

或许即便在现代的城市,也还能从这些教训中有所收获。

科隆大教堂

壁纸：雏菊（威廉·莫里斯，1861 年）

特征是简洁明快的平面图案和浅淡柔和的色彩

40

手工艺的美好未来
工艺美术运动

红屋（1860年）

相关·笔记 铁、哥特复兴、新艺术运动

人物·设计者 威廉·莫里斯（William Morris）、菲利普·韦伯（Philip Webb）

不知道各位是否觉得身边的家具、内饰与装饰品足够有美感？

觉得美吗？

唔……我是觉得能用就行……

威廉·莫里斯（1834–1896 年）

在富裕的家庭环境下长大，最初担任圣职。在接触到约翰·拉斯金（John Ruskin）的思想后，以"手工生产"为理想，穷其一生展开相关活动

如果有更具美感的、体现手工温暖的家具就好了……

实在没有的话就自己来设计吧！

工业革命以后，工人们能够高效且统一地对产品进行大规模加工生产，整个过程被大大简化。然而，昔日工匠们由经验和知识积累而成的审美与教养在新的生产体系下不再成立，手工艺品的独特质感也不复存在。

在这样的背景下，威廉·莫里斯从牛津移居到伦敦，发现市场上贩卖的家具中竟没有一件令人由衷地喜爱，为此暗自吃惊。

工艺美术运动的源流

二人确立了理论基础（参照 39）—— 把二人的思想具象化

奥古斯都·普金 ▶	约翰·拉斯金	→	莫里斯	大量书籍的出版	演讲活动
哥特样式最为适合！	中世纪才是理想！				

威廉·莫里斯展开的各方面工作

重视古建筑的保护和修复工作，成立古建筑保护协会

出于对手工的热情成立了莫里斯商会，经营家具、彩绘玻璃、金属制品、装饰雕塑、挂毯等制品，种类繁多

成立工艺工会。宣传以手工为主的工艺品制造和建筑建造

▶▶▶ 关系到之后以包豪斯（参照 54）为代表的艺术工艺学校

像这样，由艺术家和手工艺家所主导的工艺美术运动拉开了序幕！

这场运动唤醒了中世纪共同体内部的手工体系，它使人们开始反省设计的本质，思索生活空间的整体和谐。

红屋

建筑采用了哥特
复兴样式

　　红屋的设计者是菲利普·韦伯，他在此后与威廉·莫里斯维持了一生的友谊。
　　当时流行的住宅是立方体构成的纯白建筑，或者是奶油色灰泥抹面的建筑。
红屋却反其道而行之，外墙由红砖砌筑，平面设计和窗口安排都不对称，展现出
柔和温暖的样貌。这也是对中世纪理想的追求。

**威廉·莫里斯和菲利普·韦伯设计
的家具（红屋）**

　　就这样，在威廉·莫里斯等人的构想之下，
崇尚中世纪淳朴与真诚特质的乌托邦逐渐展开。
这一思潮从 19 世纪末延续到 20 世纪，催生了
以田园城市［莱奇沃思（1903 年）等］为首的一系列
思想。其间，对于艺术本质的探求，开始从工
艺美术运动向新艺术运动（参照 44）过渡。

从曲线的运用中，
可以感受到新艺术
运动的前兆

　　工业革命后的 19 世纪后半叶，新兴中产阶
级崛起，成为影响接下来建筑走向的一个关键点。
正因有他们的存在，建筑师们获得了设计住宅的
机会（这一变化被称为本土复兴）。
　　更值得一提的是，在工业革命后机械化生产
泛滥的年代，工艺美术运动仍然坚持手工艺生
产，使英国工艺品的品质得到认可，对贸易也更
为有利。
　　以哥特复兴为精神支撑，以工艺美术运动为
具象化推动力，正在孕育之中的新艺术运动，将
要在比利时盛放！

**出版的艺术书籍
《雷恩的城市教堂》标题页
（马克穆多，1883 年）**

103

威斯敏斯特宫

41

因一场大火
改变样式的议会大厦

威斯敏斯特宫
（重建于 1860 年）

相关·笔记 哥特式建筑、新古典主义

人物·设计者 查尔斯·巴里（Charles Barry）、
奥古斯都·普金

现在的威斯敏斯特宫位于伦敦市中心。从泰晤士河对岸眺望时看到的样貌是设计中优先考虑的要点，维多利亚塔与伊丽莎白塔（大本钟）对称修建，维持了立面的平衡。

最初的威斯敏斯特宫是由忏悔者爱德华所建，他也是威斯敏斯特教堂的建造者。1529 年，王宫的各项功能被亨利八世转移到了位于官厅街的白厅宫中，从此，威斯敏斯特宫虽名为"宫殿"，却承担起英国议会大厦的职责。

英国的王室宫殿，经历了"威斯敏斯特宫→白厅宫→圣詹姆斯宫→白金汉宫"的一系列迁移。

1834 年，一场大火烧去了威斯敏斯特宫的大部分建筑。英国政府为树立国家威信，以竞赛的形式展开了议会大厦的设计与建设工作。在递交的 97 个方案当中，查尔斯·巴里与奥古斯都·普金合作的方案拔得头筹。

威斯敏斯特宫的重建始于 1840 年，历经 20 年岁月，于 1860 年竣工。建筑采用了带有尖塔的哥特复兴样式，其中体现出的中世纪样式美学得到了很高的评价。这一选择也是在与新古典主义样式激烈角逐之后得出的结论。

大本钟［伊丽莎白塔的爱称］高达 96.3 米，表盘则位于地面之上 55 米。

铸铁尖塔

尖塔下部

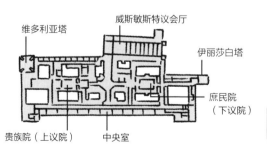

维多利亚塔

威斯敏斯特议会厅

伊丽莎白塔

庶民院
（下议院）

贵族院（上议院）　中央室

威斯敏斯特桥施以绿色涂装。绿色与下议院的皮制座椅色彩相近

威斯敏斯特议会厅

威斯敏斯特议会厅幸免于大火，作为宫殿最古老的部分被保留下来。这是一处见证历史的建筑，亨利八世曾在这里打过网球，也曾将其用作法院。天花板使用木材建造，悬臂托梁（凸出的梁架）结构支撑起了巨大的空间。

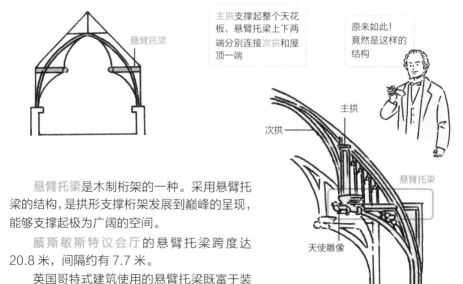

悬臂托梁

主拱支撑起整个天花板，悬臂托梁上下两端分别连接次拱和屋顶一端

原来如此！竟然是这样的结构

主拱

次拱

悬臂托梁

天使雕像

悬臂托梁是木制桁架的一种。采用悬臂托梁的结构，是拱形支撑桁架发展到巅峰的呈现，能够支撑起极为广阔的空间。

威斯敏斯特议会厅的悬臂托梁跨度达20.8 米，间隔约有 7.7 米。

英国哥特式建筑使用的悬臂托梁既富于装饰性又提供开放性，据说是中世纪木匠们的智慧结晶。

门窗设计采用文艺复兴风格，穹顶、飞扶壁和尖头拱等细节则采用哥特式风格，属于折衷主义

42 历史主义建筑百花齐放

维也纳城堡剧院（1874-1888年）
匈牙利议会大厦（1885-1904年）

相关·笔记 近代建筑、古典主义、样式
人物·设计者 施坦德·伊姆莱（Steindl Imre）、
戈特弗里德·森佩尔（Gottfried Semper）

尽管工业革命以后，以铁和玻璃为首的崭新材料相继诞生，技术也在不断发展，但在大约一个半世纪的时间里，以古希腊、古罗马建筑为代表的历史样式复兴仍在西方世界反复上演。

其原因在于，虽然从法国大革命到拿破仑战争后的这段时间里代议制民主政治逐步发展，但事实上，基本由王权和贵族支配的君主制政治一直持续到了第一次世界大战期间。

此外，罗马式、哥特式、巴洛克等样式都是由当时水平最高的建筑工匠与建筑师所设计，凝聚了一个时代经验与智慧的可靠的施工方法。

旅行者俱乐部（左）
改良俱乐部（右）
（伦敦，1829-1832年及1837-1841年）
设计者：查尔斯·巴里（Charles Barry）

德国巴伐利亚州立图书馆
（慕尼黑，1838-1841年）
设计者：弗里德里希·冯·格尔特纳（Friedrich von Gärtner）

采用城市宅邸形式。在倾向意大利文艺复兴风格的同时，也能看到圆拱风格（Rundbogenstil）理论的影响（在石材匮乏的德国发展起来的建筑风格，以砖为主要材料，特征是合乎理性的罗马式半圆拱券）。立面排列的门窗形式简洁有力

采用新文艺复兴样式（对意大利文艺复兴的重新发掘），以法尔内塞宫、潘道菲尼府等建筑为原型。文艺复兴本就是属于城市的样式，与图书馆、俱乐部等城市建筑也能很好地契合

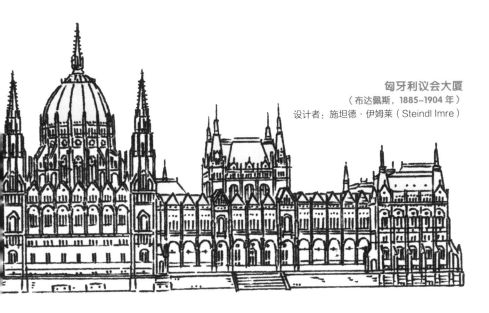

匈牙利议会大厦
（布达佩斯，1885–1904 年）
设计者：施坦德·伊姆莱（Steindl Imre）

综上所述，这个时代的建筑专注于在现有样式形成的框架中寻找更加美好的变体。这就是历史主义的本质。

但另一方面，从结果来看，曾经的建筑样式也被贴上了"装饰技法"的标签，并且几乎一切样式都会被使用在任意用途的建筑物上，因此也有人批评其缺乏应有的矜持。

凡此种种表明，这个时代的建筑师迫切需要创造出一种符合近代社会要求的崭新样式！

在探索的过程中，一些与既有样式相脱离的建筑开始出现。没错，近代建筑终于将要拉开序幕！

维也纳城堡戏院
（维也纳，1873–1878 年）
设计者：戈特弗里德·森佩尔
（Gottfried Semper）

维也纳市政厅
（维也纳，1872–1883 年）
设计者：弗里德里希·冯·施密特
（Friedrich von Schmidt）

仿照英国议会大厦的折衷主义，将哥特式细节自由应用于文艺复兴风格左右对称的构成当中，许多国家的建筑都受到这座市政厅折衷主义风格的影响

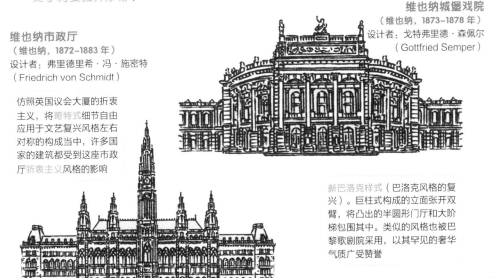

新巴洛克样式（巴洛克风格的复兴）。巨柱式构成的立面张开双臂，将凸出的半圆形门厅和大阶梯包围其中。类似的风格也被巴黎歌剧院采用，以其早见的奢华气质广受赞誉

埃菲尔铁塔

高达 300 米的
铁塔鹤立鸡群！

不得了！工程师也是意气风发！

不学习可就跟不上了！
这就是下一个时代的主题！

43 从工业革命走向新时代　铁制建筑

埃菲尔铁塔（1887–1889年）
法国国立图书馆（1859–1868年）

相关·笔记　铁、哥特复兴

人物·设计者　古斯塔夫·埃菲尔（Gustave Eiffel）、
亨利·拉布鲁斯特（Henri Labrouste）

古斯塔夫·埃菲尔
（1832–1923 年）
桥梁工程师。自由女神像
内部的钢骨架也是由他设计

似乎对建筑家们产生了
不小的影响呀……

工业革命之光。

值得这一称号的材料非铁莫属。**铁**的优势不仅仅在于能够**大量生产**，与石头和砖块相比，它的强度明显更胜一筹，仅凭纤细的部件就可以驾驭较大的跨度。

在这样一个属于变革的时代，建筑师们还在不知所措，**工程师们**已经先发制人，他们很快开始**将铁引入了桥梁、高塔、工厂**等以实用性为主的构筑物中。

通过使用高炉和焦炭熔化**铁矿石**，**生铁**的大量生产获得成功。但是由于生铁的碳含量很高，性质十分坚硬且脆弱。

碳含量可以很大程度上左右铁的性质，因此冶铁的关键就在于碳含量的调整！

软硬程度的处理是工匠技术的关键！

敲打也能降低碳含量

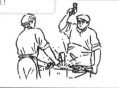

冶铁作坊

不同种类铁的特性

铁矿石　在高炉中熔化
▼
生铁　制铁的原料
▼
铸铁　含碳量3%~5%
坚硬但性脆，容易损坏
▼　介于二者之间　→　钢　含碳量0.03%~1.7%
很多现代建筑都用到这种材料
▼
纯铁　含碳量0.02%~0.05%
韧性大，强度高
▼
不锈钢　不易生锈

* 随着钢投入生产，纯铁的产量就开始减少

不过，铁在当时还是材料中的新锐，并且**铁柱比传统的立柱要纤细得多**，因此无论具有多么稳定可靠的力学性质，还是很难消除人们的不安。此外，铁与石材形态大不相同，**传统的柱式体系等样式表现也很难继续成立**。因此，在车站等建筑物中，使用到的铁**大部分都隐藏在石材砌筑的立面背后**。

但是，埃菲尔铁塔这样的大型构筑物的诞生，让人们开始期待下一种建筑样式诞生的可能性。此外，在拱廊街、柱廊和中庭，用铁和玻璃搭建的屋顶也开始出现，这样的设计首次为人们带来了屋顶下的明亮内部空间！

紧接着，曾经固守历史主义的公共建筑中，也开始能够发现铁的踪影……

铁柱　石柱

好细！

法国国立图书馆是这类建筑的代表性作品！

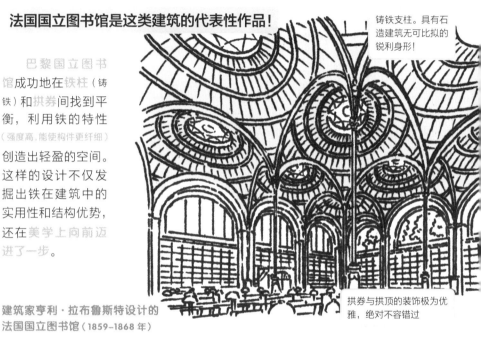

巴黎国立图书馆成功地在铁柱（铸铁）和拱券间找到平衡，利用铁的特性
（强度高，能使构件更纤细）
创造出轻盈的空间。这样的设计不仅发掘出铁在建筑中的实用性和结构优势，还在美学上向前迈进了一步。

铸铁支柱。具有石造建筑无可比拟的锐利身形！

拱券与拱顶的装饰极为优雅，绝对不容错过

建筑家亨利·拉布鲁斯特设计的
法国国立图书馆（1859-1868 年）

就这样，铁孕育出了崭新的形态和空间形式，也成为揭开近代建筑序幕的材料之一！

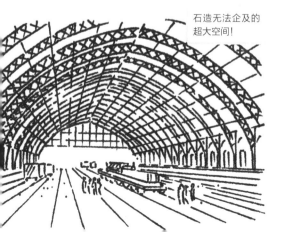

石造无法企及的超大空间！

另外，以工业革命为契机，一直以来被视为高尚的综合艺术家的建筑师们，也开始迫切需要掌握构造和力学相关的工学知识，于是建筑学校作为工学教育设施陆续诞生。与此同时，为保证建筑师这一职业的正当性，建筑师协会（英国皇家建筑师学会 RIBA 等）陆续成立。

圣潘克拉斯火车站大厅
（1864-1868 年）

霍塔住宅

44 受到日本文化感染的**新艺术运动**

塔塞尔公馆（1893年）
霍塔住宅（1898年）

相关·笔记 工艺美术运动、现代风格派、分离派
人物·设计者 维克多·霍塔（Victor Horta）

英国是工艺美术运动（参照 40）的发祥地。与英国有着亲密关系的比利时艺术运动团体"二十人展"从这一运动中获取了大量灵感。

随之而来的就是新艺术运动。"新艺术"一词源自法语中的"Art Noveau"，代表以曲线和曲面为构成元素的一类样式。这一词汇最初来源于一家经营具有类似特征家具的店铺名称，而这家店还同时经营日本的艺术品与特产，被认为对新艺术运动产生了一定影响。

新艺术运动的叫法
因国家而异

维克多·霍塔
（1861–1947 年）
比利时建筑师。将新艺术风格引入建筑圈的第一人

法国→新艺术运动（Art Noveau）
德国→青年风格派（Jugendstil）
意大利→自由风格派（Stile Liberty）
西班牙→现代风格派（Modernisme）
（参照 45）

新艺术风格

运用自然流动的柔和曲线。
充满生命力的主题成为表现的源泉，如植物的茎和叶，长发与女性的身体曲线，鸟和昆虫等。
受到当时流行的日本版画与浮世绘中崭新构图与优美弧线的影响。

阿贝斯地铁站
（1899–1905 年）
设计者：赫克托·吉马德

贝朗榭公寓
（1894–1898 年）
设计者：赫克托·吉马德

接着，世界上第一座新艺术风格建筑，

诞生于比利时布鲁塞尔！

通过植物般的柔和曲线将屋顶与墙壁结合成一体，与地板的曲线花纹相连接，形成了灵动且富有生命力的建筑空间

塔塞尔公馆的楼梯间

不仅是形态和装饰惹人注目，从楼梯间的顶灯散发出的光芒还将建筑物分成前后两个部分，产生了社交空间与日常空间的过渡功能。另外，不容忽视的是，这一部分还将周围空间流动地接续在一起

楼梯上的扶手采用金属工艺，营造出梦幻般的空间

立柱的装饰与结构功能融为一体。仿佛稻草一般柔软的嫩芽与叶片，让人联想到植物的形态，这也是新艺术风格的真谛

一鼓作气推翻了迄今为止被视为正统的古典主义，让大家捏了一把冷汗！

新艺术运动最大的特征是以自然为参照物，企图从传统的设计方法中解放出来。

这一运动最初的进展十分顺利，但由于缺乏文化象征性，与社会的联系也日益淡薄，最终停留在了一时的流行，不再被建造。

除此之外，用曲线和曲面做设计也并不简单。比利时建筑师维克多·霍塔最初将曲线引入建筑时，是为了创造有意义的艺术，但在不同的设计者手中，这些手法很可能会流于表面。看到这样的风气，霍塔在完成自己的住宅之后开始对新艺术运动抱有厌恶感，最终回归了古典主义。

与工艺美术运动不同，新艺术运动宣扬脱离传统，但共同之处在于，二者都以优雅且内涵丰富的综合艺术为目标，也都强调细致的手工工作。虽然持续时间不长，但新艺术运动呈现了一瞬间的辉煌，塑造出很多巧夺天工的建筑。

而在另一座城市，新艺术运动意外地取得了长足的发展，那就是西班牙的巴塞罗那！巴塞罗那是世界上现代风格派（新艺术运动）建筑最为密集的地带。在那里，诞生于地中海的天才建筑师安东尼奥·高迪（Antonio Gaudi）终于闪亮登场！

米拉公寓

45 在现代风格派中 建筑浑然天成

巴特罗公寓（1904–1906年）
米拉公寓（1906–1910年）

相关·笔记 新艺术运动、分离派

人物·设计者 安东尼奥 · 高迪（Antonio Gaudi）

起伏的波澜是自然本身的体现

安东尼奥 · 高迪
（1852–1926 年）

建筑师，如今仍在建设中的圣家族大教堂的设计者。在设计中不强调自我，而是灵活追求与委托人的需求最相符的样式、形态与空间，因此创造出了许多绚烂且富有魅力的建筑

1898 年，西班牙殖民帝国在美西战争中战败，失去了重要的殖民地，逐渐开始土崩瓦解。在衰退的进程中，巴塞罗那（后来的加泰罗尼亚地区）以铁和纤维为中心发展成为贸易据点，仅用半个世纪就完成了现代化，实现了惊人的发展。

在那之前，加泰罗尼亚地区被西班牙统治了很长一段时间，期间连同加泰罗尼亚语也遭到禁止，饱受压抑。作为反抗，人们开始以复兴民族文化为目标，追求加泰罗尼亚建筑的崭新样式。在这里，正值流行的新艺术运动逐渐获得了更为独特的个性。

就在此时，以奎尔家和巴特罗家两家中产阶级赞助者为坚实后盾，天才建筑师安东尼奥 · 高迪登场了！

就让我们以高迪亲手打造的巴特罗公寓为例，一同了解一下现代风格派建筑（加泰罗尼亚版新艺术运动）吧！

扶手形似生长中的植物

楼梯的动态模拟出树木充满生命力的样貌

刻有植物的嫩芽、叶片与花朵的门上浮雕

微微隆起的柔软形态也带来植物的印象

螺旋呈现出水流的形态，越接近光源旋涡越强烈

天井照明

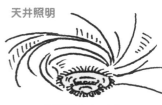

巴特罗公寓 内部

巴特罗公寓的立面，宛若大自然中辉煌闪烁的海洋！

一层由曲线构成的立柱，借由二层骨架般的窗框，沿着柔和波动的绚烂外墙缓缓上升，甲壳类生物表皮般的屋顶则为整个立面描上边框。这一崭新的立面表现形式，使人可以从中感受到生命的律动。

内部由通高空间、楼梯与电梯组成的动线值得一看。从下往上，可以看到如阳光下的水面一般的空间！在色彩斑斓的瓷砖的漫反射下，光线被引导到大小与形状不一的开口处，空间的氛围也随着观者的移动而缓缓变化！

现代风格派与新艺术运动的特征都是曲线的使用和鲜艳的装饰，但由于西班牙在第一次世界大战中并未参战，相比于其他国家的新艺术运动，这里的风格产生了更大的变化。

巴特罗公寓 外观

巴特罗公寓内部通高空间

这个时期的加泰罗尼亚建筑师们，不像罗马式与哥特式那样遵循同一样式进行设计，而是穿梭在表现手法之间，自由地融合、发展。正因如此，现代风格派才得以在作品中获得绚烂且丰饶的多样性，散发出自由奔放的光辉。各位不妨在巴塞罗那之旅中，也加入一段现代风格派建筑的寻访之旅。

分离派展览馆（1898 年）

设计者：约瑟夫·马里亚·欧尔布里希
（Joseph Maria Olbrich）

46

与过往样式
宣告决裂的**分离派**

维也纳邮政储蓄银行（1906年）

相关·笔记 新艺术运动、现代主义、铁

人物·设计者 奥托·瓦格纳（Otto Koloman Wagner）

近代运动中的分离派（源自德语中的
"Sezession"，分离）以创造与新时代相匹

配的艺术形式为目的，与**工艺美术运动**不同的是，后者将中世纪作为理想，**前者
则宣誓与过往的样式一刀两断**。

　　1897 年，在维也纳展开近代运动的艺术团
体——**维也纳分离派**（第一任会长是艺术家古斯塔夫·克里
姆特）宣告成立。中心人物之一就是**奥托·瓦格纳**。
瓦格纳提倡**功能主义与合理主义**的设计原理，因此
也被称为"**近代建筑之父**"。

　　但是，所谓的**彻底断绝并非在一朝一夕之间就
能做到**。分离派仍然继承了一部分**新艺术运动**的
血脉。

奥托·瓦格纳
（1841–1918 年）

奥地利建筑师。
维也纳艺术学院
建筑学教授。提
倡"必然样式"，
主张建筑应该采
用"目标充分、
材料适用、结构经济"这三大条件下
自然形成的形态

分离派展览馆的细节

蛇、蜥蜴、乌龟与女
性形象的装饰雕塑十
分有趣。这表明新的
艺术形式主要以**生命
现象**为主题。

墙角上的装饰类似新艺术
风格，采用了枝干起伏的
橄榄树形象

分离派展览馆壁面
设计者欧尔布里希是瓦
格纳的学生，也是维也
纳分离派建筑师

马略尔卡住宅的细节

外观上四方的窗户整齐排列，但**墙壁**
上的瓷砖却有着鲜艳的**鲜花纹样**！迄
今为止与建筑物合为一体的装饰与雕
塑在这里被摒弃，墙面被看作是扁平
的画布，用这种手法描绘出的花卉成
为一大亮点。

马略尔卡住宅墙面（1899 年）
设计：奥托·瓦格纳

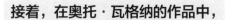

接着，在奥托·瓦格纳的作品中，清楚预言了现代主义的名作诞生了！

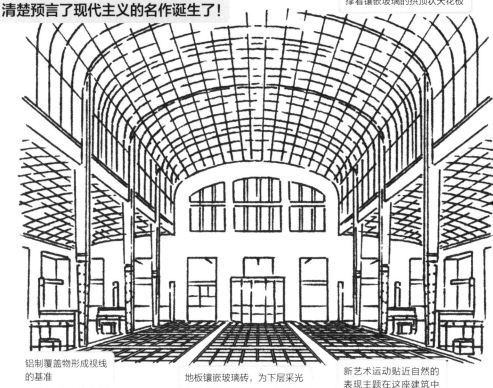

舍弃了装饰的纤细钢铁支柱支撑着镶嵌玻璃的拱顶状天花板

铝制覆盖物形成视线的基准

地板镶嵌玻璃砖，为下层采光

新艺术运动贴近自然的表现主题在这座建筑中完全消失了

维也纳邮政储蓄银行 大厅内部

　　大厅内部的立柱与白墙以一定间隔排列，被玻璃拱顶完全包围，呈现出不可思议的氛围。

　　柱子的下部有铝制覆盖物，在一定高度上控制人们的视线。分界线下方是门、家具、接待处和来往的人流，形成 "动"的空间；上方则强调一个"静"字，营造出均匀统一的空间氛围！

　　维也纳分离派有着非常大的影响力，以至于远在日本的堀口捨巳等人也成立了分离派建筑会（参照《日本建筑图鉴》55）。

　　此外，重要的是，不管是分离派还是新艺术运动，都摒弃了哥特式或文艺复兴这样的建筑样式。

　　维也纳邮政储蓄银行通过工业革命所带来的技术与材料的可能性，开拓了现代主义建筑的道路。

　　到这里，距离现代主义建筑的诞生就只剩下最后一点路程了。敬请期待后续发展！

47

内外相连的流动空间
草原风格建筑！
罗比住宅（1909年）

罗比住宅的起居室

相关·笔记 艺术装饰风格、风格派、表现主义
人物·设计者 弗兰克·劳埃德·赖特（Frank Lloyd Wright）

　　19 世纪末的**美国**，大量居民是从欧洲移居而来，**殖民复兴风格建筑**占据了主流。**殖民复兴风格**主要是指移民者们**依据殖民地的气候、风土、材料或环境对祖国传统的住宅形式进行改良后形成的一种建筑类型**。

　　在这一背景之下，**弗兰克·劳埃德·赖特**却对历史主义建筑不屑一顾，埋头探索着具有美国特色的住宅，最终创造出**草原风格建筑**，给全世界的建筑师带来了深远影响。就让我们通过竣工于 1909 年的**罗比住宅**一起来看看草原风格的特点吧。

弗兰克·劳埃德·赖特
（1867-1959 年）

F·L·赖特是何许人也

　深受玛雅、印加、埃及遗迹的触动，具有个人特色的艺术装饰风格贯穿了他的建筑创作。
　对自然界与其多样性有着浓厚的兴趣，于是不断学习，将其导入自己的建筑作品中。
　详细了解委托人的要求（这一点有些出人意料），总是不厌其烦地询问，并且善于言谈。

　　草原风格的精彩之处在于**摆脱了以往方盒子建筑的束缚**。
　　赖特创造出的流动空间，将建筑中的起居室、餐厅、厨房、卧室等各个空间相互贯通，这也是前所未有的创举之一。

　　由于这样的形体构成，**外部空间渗透进内部，内部空间流淌至外部，二者实现了相互连通**。

罗比住宅 平面图

卧室　　厨房

起居室　　餐厅

在那之前，建筑一直封闭在方盒子体量之内。在这里终于实现了连接和突破！

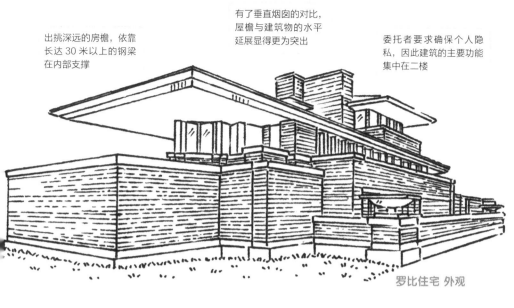

出挑深远的房檐，依靠
长达 30 米以上的钢梁
在内部支撑

有了垂直烟囱的对比，
屋檐与建筑物的水平
延展显得更为突出

委托者要求确保个人隐
私，因此建筑的主要功能
集中在二楼

罗比住宅 外观

赖特对浮世绘等日本相关的文化很感兴趣，并且从日本传统建筑中，他找到了自己寻觅已久的某种理想建筑的范本：

⇒ 平面的连续性展开

⇒ 立面在水平方向的流淌

⇒ 屋顶出檐深远的美感

在罗比住宅中，赖特将这些元素进行重构，又与具有个人特色的艺术装饰风格相结合，形成了美国大草原般的舒展形态，草原风格建筑也在这里得到了升华。

赖特的想法与大众对郊外田园的需求恰好相吻合，也使他作为建筑师的声誉大幅提升。

赖特所提倡的有机建筑，主张将土地、建筑、家具、装饰和自然环境融为一体，以确立建筑的品格与特质，同时也提高建筑的质量。此外，赖特在积极引进工业技术、重视结构合理性的同时，也将自然的融合与丰富的装饰带来的效果作为一种追求。

可以说，赖特的建筑与近代大部分崇尚功能主义、抽象与平均的建筑师还是截然不同的。

通过赖特创作出的优秀建筑，也得以重新认知日本传统建筑独特且深远的价值与潜力。日本建筑在未来，或许也蕴藏着继续进化的可能性！

别具特色的艺术装饰风格窗饰

《亚维农的少女》
（毕加索，1907 年）

48 形式革命
立体主义绘画进军建筑
亚洛舍别墅（Kovarovicova Villa）
（1913 年）

相关·笔记 艺术装饰风格、构成主义、风格派
人物·设计者 约瑟夫·乔科尔（Josef Chochol）

　　1907 年，让人感受到原始非洲雕塑般魄力的画作《亚维农的少女》成为一时的话题之作。创作出这幅作品的画家，正是大名鼎鼎的**巴勃罗·毕加索**。

　　以五位女性的肉体为描绘对象的这幅画作，首先将**事物的形状完全解体**，又以**多个视点在画面中进行了重构**。

　　这就是立体主义的开始。

　　其特征包括对人体的极端扭曲和平面化的表现，对近大远小的空间表现形式的否定，以及**多视点所见图像的结合**。接下来，具有这些特点的平面图形被置换为**立体**，就形成了**立体主义建筑**！

巴勃罗·毕加索
（Pablo Picasso）（1881-1973 年）
终其一生共绘制大约 13500 幅油画与素描，10 万幅版画，还有其他插画、雕塑、陶器等的创作，被认为是最多产的艺术家

以下是立体主义建筑的一些特征！

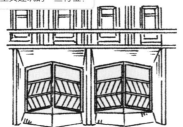

锯齿形窗

外墙和窗户的连接曲折不平

　　特意对原本能够以直线或**直角交接的面进行斜向切割**。

　　这是立体主义建筑的一个易于区分的特征！

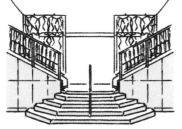

扶手、楼梯

立面门窗开口处的装饰性处理是立体主义的重要手法！

拆解立面上的装饰要素，还原至几何学平面，再进行立体化的重构。这样的操作使建筑的造型带有矿物的特征，这一点与艺术装饰风格（参照56）有所共通。

以曲折的面拼接构成的外墙和窗口贯彻了立体主义思想，光影的变换又使其更具有视觉效果，形成了富于律动感的整体构成。

这类通过主观感受表现所见事物的"绘画性手法"，以巴勃罗·毕加索的立体主义为起始，延伸至印象派（莫奈等人），新印象派（修拉等人），后期印象派（梵·高等人），表现主义（蒙克等人）等艺术派别。

亚洛舍别墅外观

这类画派诞生的很大一个原因在于1839年照片的出现。如果绘画只是将事物原原本本地呈现出来，那么还原程度是不可能超越照片的。于是画家们不断思索，运用只有在绘画中才可能实现的造型表现手法，创造出了崭新的艺术！

此外，（抽象画家）皮特·蒙德里安等人也受到立体主义的影响，将其运用到了后来的风格派（参照53）创作中。

由此可见，绘画与建筑是两种密切关联的艺术形式。立体主义建筑的独特之处在于将二维的绘画应用于三维的建筑，但换个角度来说，这一表现形式也几乎止步于立面装饰的范围。

立体主义作为一场艺术运动，于1914年第一次世界大战开始的同时走向了解体，直到战后也没能再恢复生机。

不过重要的是在建筑方面，于此后的时代陆续登场的未来主义（参照49）、构成主义（参照50）、风格派等先锋运动，都以立体主义为源泉！

现代

《高层住宅》（图稿，1914年）

49 未来主义以速度之美为建筑理想

《高层住宅》（1914年）
《车站》（1914年）

相关·笔记 立体主义、构成主义、未建成
人物·设计者 安东尼奥·圣埃里亚（Antonio Sant Elia）

"应要将那旧的意大利解体，拿我们的国家当作新世界来重建。"

这一稍显过激的思想属于意大利诗人马里奈蒂。它清晰地展示出 20 世纪初期先锋运动的独特性质。

同一时期，意大利北部的米兰已经是一座工人成群的先进工业城市。灯光使昼夜的界线开始变得模糊，有轨电车和汽车取代马车成为新的交通工具，电话和无线电也登上历史舞台，似乎一切事物的速度都经历了质的飞跃。

马里奈蒂
（F.T.Marinetti）
（1876–1944 年）
意大利诗人、作家、批评家，未来主义的发起者

速度才是新时代的象征……发表"未来主义宣言"，向所有人宣扬吧！

大型工业城市的这番面貌，给马里奈蒂带来了极大的冲击。他批判维持旧态的城市现状，向人们呼吁以新世界为目标的国家重建。

《车站》（图稿，1914年）

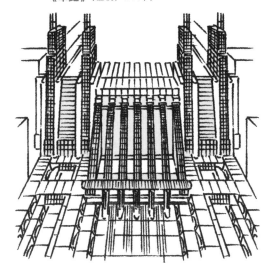

他主张"速度之美才是新的标尺"，赞扬汽车等代表这一时代先进技术的机器发明。

这就是未来主义的思想内核。不久后，未来主义运动对建筑界也产生了影响。

建筑师安东尼奥·圣埃里亚的登场，带来了未来主义建筑宣言！

圣埃里亚在宣言中否定了传统建筑样式，和马里奈蒂一样，致力于歌颂科学和近代技术发展。

《为现代大都会而生的建筑》（图稿，1914年）

作者：马里奥·基亚托尼

建筑宣言也包含这样一层潜台词："通过表层装饰来满足新兴资产阶级的自由风格派（意大利版新艺术运动）建筑并不适合新时代的生活。"

在圣埃里亚的图稿《高层住宅》中，这些雄心壮志得到了完美的视觉化呈现。

建筑脚下可以看到交错的电车线路、车行道路以及独立于建筑物的电梯井，交通技术被融入画作，成功实现了建筑的动态化。

而在《车站》的图稿中，建筑物不仅仅是单纯的铁路车站，还与作为最新运输手段的航空站台——机场二者合一，构筑起城市交通的起点！

连接机场和铁路车站的缆车斜路和高层住宅布景中出现的倾斜元素，虽不完全充分，但还是传达出几分马里奈蒂所强调的速度之美。

米兰一直以来都是引领世界时尚潮流的先锋，意大利则拥有法拉利等追求速度的汽车制造厂商……追求速度之美的未来主义建筑，似乎在不经意中展现出了国家的特质，这一点也很是耐人寻味。

新艺术运动（参照44）以自然为参照，未来主义则视机械为范本。除形态之外，还将大量技术革新作为憧憬对象引入城市建造当中。

未来主义建筑在建造高层建筑这一方面，可能会给人以类似美国摩天大楼的错觉。但在这里并没有使用艺术装饰风格（参照56）那样的装饰，而是对铁、混凝土、玻璃等工业材料进行直截了当的表现。

未来主义是乌托邦，虽从未建成，但却给接下来的构成主义带来了巨大的影响！

《体量习作》（1920年）

作品：维奇里奥·马奇

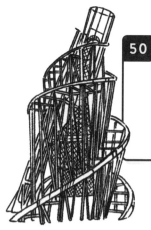

第三国际纪念塔设计方案
设计者：弗拉基米尔·塔特林

50 被传颂为革命成果的构成主义

第三国际纪念塔设计方案（1920年）
祖耶夫工人俱乐部（1929年）

相关·笔记 立体主义、未来主义、风格派
人物·设计者 弗拉基米尔·塔特林（Vladimir Tatlin）、
伊利亚·戈洛索夫（Ilya Golosov）

正如前面所看到的，建筑有时也会由于政治因素被赋予几分政治宣传的色彩。在 1917 年的俄国革命后，世界首个社会主义国家宣告成立，让艺术为新体制服务也成为宣言内容中的一条。

在革命后的俄国还有很多人不能够读写文字，为了宣传，视觉媒体成了最佳的媒介，前卫艺术家们（Avant-guard）被给予了极大的活动空间。

在俄罗斯，弗拉基米尔·塔特林受到立体主义（参照48）与未来主义（参照49）的影响，作为创始者首次提出了构成主义（Constructivism）思想。

在塔特林的第三国际纪念塔设计方案中，会议场、办公室和信息中心分别被赋予立方体、四棱锥、圆柱等几何形态的体量。塔特林大胆地将它们组装在螺旋上升的结构中，以呈现运动的状态！假如落地实施，高度将会达到400 米！这将是一座通体红色的钢骨架塔状建筑。

弗拉基米尔·塔特林
（1885-1953 年）
生于俄罗斯帝国时代的画家、雕刻家、建筑师、设计师

否定了作为资产阶级艺术的既成美术概念。以先进的工业技术为基础，追求创新的造型表现！

使用树木、金属、玻璃等材料，关注其体量及构成，在形态上完成了造型艺术的革命！

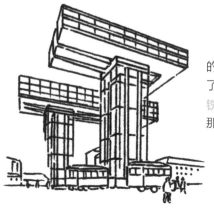

水平摩天大楼的构成，首先是以建筑中常见的摩天大楼为垂直方向体量，又在其上水平承载了形似搬运货物时用的巨型起重机的悬挑结构。铁砧和锤子的造型令人联想到工厂劳动，因此在那个年代特别受到欢迎。

水平摩天大楼（1925 年）
设计者：埃尔·利西茨基（El Lissitzky）

另一方面，康斯坦丁·梅尔尼科夫（Konstantin Melnikov）所设计的巴黎世博会苏维埃馆，则以楔形分割为特征。这一形态与平面和立面相结合，展现出抽象化的动态，这一作品也使他享誉世界。

伊利亚·戈洛索夫设计的祖耶夫工人俱乐部，将上述的构成主义造型与巨大的圆柱两相融合！

在这里值得注目的是，圆柱体贯穿建筑物上部的屋檐，形成了戏剧般的构成，也产生了更为强烈的视觉统一性。

巴黎世博会苏维埃馆（1925 年）
设计者：康斯坦丁·梅尔尼科夫

构成主义的背景，有对机器发明带来的生产力的赞誉，也有对出自工人之手的工业材料所具备的功能性美感的认同。

二者的结合被视为开拓下一个时代的崭新艺术形式，构成主义建筑也成为寄托革命愿景的一座座丰碑。

这场运动，同时也是一场与既有制度和固有传统的斗争，因此被赋予起源于军事用语的"先锋"称号。

时间进入 20 世纪 30 年代，斯大林推崇社会主义现实主义，先锋艺术也随之被镇压。

然而，构成主义中面与直角形成的几何美学，被风格派（参照 53）所继承，继而向现代主义（参照 54）和纯粹主义（参照 57）进一步蜕变！

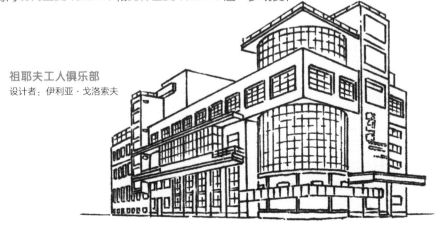

祖耶夫工人俱乐部
设计者：伊利亚·戈洛索夫

51

反近代化的潮流
表现主义的审美规范
爱因斯坦天文台（1921年）

爱因斯坦天文台

相关·笔记 艺术运动、艺术装饰风格、
工艺美术运动

人物·设计者 埃瑞许·孟德尔松
（Erich Mendelsohn）

爱因斯坦
（1879–1955年）

19世纪末的德国，近代技术的发展正将国力推向一个巅峰，铭刻一个世纪的重大发现和发明接踵而至，汽车、火车、轮船，还有电信技术，这些都使物质生活得到极大满足，生活日益便利，人们可以自由地生活在新时代的光辉下……这是原本的美好愿景。

然而，一味追求合理，反而导致了城市与人类自身的疏离。以此为背景，德国的不少建筑师和艺术家都认为"建筑、工艺品的制造不应该止步于实用性和功能性追求，还应当保持自由且富有魅力的形式"。

紧接着，20世纪10年代初，为这种思想赋予形态的表现主义建筑开始陆续出现。表现主义作为一股艺术思潮，致力于表现人的内心想法，其特征也不可一概而论！就让我们暂且将建筑分为四大类来讨论！

在这一主旨下诞生的高层建筑，平面形似钻石，被闪耀的玻璃幕墙覆盖，给人以天然结晶的印象

弗雷德里希大街摩天大楼方案（1921年）
设计者：密斯·凡·德·罗

❶ 结晶形态的象征物（故事性）

钻石对于艺术家们来说是高贵的化身。给人以平凡的矿物在激烈自然界变化经历磨难最终诞生的印象。

这样的形象经历升华，讲述着"即便日常生活平平无奇，只要时常被艺术所包围，就能够重焕生机"的故事！

第二歌德纪念馆（1924-1928年）
设计者：鲁道夫·斯坦纳（Rudolf Steiner）

❷ 生长与变化的印象（生物）

具有可塑性的**钢筋混凝土赋予建筑雕塑般的形态**。这是一种将建筑本身视为生命体的思考方式，追求与**自然有机体相类似的**动态。

钢筋混凝土带来的可塑性

阿姆斯特丹学派的
舰艇住宅（1923年）
设计者：克拉美（P.L.Kramer）等人

❸ 人与自然的融合（材料）

材料会在很大程度上影响建筑给人的视觉印象、身体感受。表现主义十分钟情于砖块，因为作为原料的泥土源自大地，经过提纯、烧制后由双手垒砌成建筑，**在制造过程中被赋予生命**。

❹ 哥特式建筑的印象（手工和艺术）

哥特式建筑由**工匠们**齐心协力、动用复杂多样的技术建造而成，是**综合艺术的象征**，也是能够净化心灵的神圣空间。因此，表现主义借助哥特式建筑，强调了空间对人的价值和手工建造的美感和**艺术性**（建筑师村野藤吾甚至还曾写道："所谓世界闻名的建筑，大概是指万神庙和**斯德哥尔摩市政厅**这两座"）。

表现主义主张，"艺术应当贴近民众的生活。**建筑要成为集合一切艺术的综合艺术**，创造出新的生活"。

在同时代的**荷兰**，也诞生了与表现主义特征相通的**阿姆斯特丹学派**。他们的目标也是**实现**民众生活与艺术创作融为一体的**美好社会**。

斯德哥尔摩市政厅
（1906-1923年）
设计者：拉格纳·奥斯特伯格
（Ragnar Östberg）

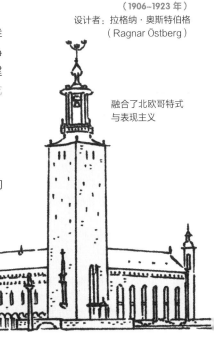

融合了北欧哥特式
与表现主义

兰西圣母教堂

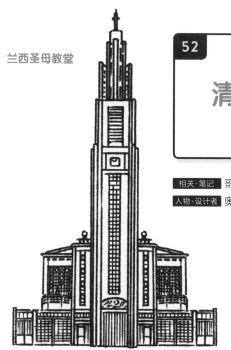

52

世界首例
清水混凝土建筑
兰西圣母教堂
（1923 年）

相关·笔记 哥特式建筑、现代主义建筑、穹顶

人物·设计者 奥古斯特·佩雷

1824 年，从古罗马最初使用天然水泥（罗马混凝土）（参照 10）后经历了 1800 年，将石灰岩与黏土混合烧成后粉碎制成的波特兰水泥终于得以问世（英国人约瑟·阿斯普丁获得首个专利）。

以水泥为原料的混凝土，在不久后促成了高强度材料——钢筋混凝土的发明。

此事的契机在于法国园艺家约瑟夫·莫尼埃为寻求不易碎的花盆而进行的反复试验。

奥古斯特·佩雷
（1874–1954 年）

建筑师，出生于比利时布鲁塞尔，活跃于法国

钢筋混凝土结构普及的过程

1849 年 约瑟夫·莫尼埃（Joseph Monier）设计出以钢铁为骨架的花盆，取得专利

↓

1852 年 弗朗索瓦·科涅特（Jean-François Coignet）在巴黎建造出使用钢铁混凝土的住宅

↓

1873 年 美国建筑从业者威廉·沃德（William Ward）设计出一种放置钢筋的方法

↓

1892 年 弗朗索瓦·亨内比克（François Hennébique）发布了钢筋混凝土施工系统

此后，钢筋混凝土迅速普及

奥古斯特·佩雷使用当时还是新材料的钢筋混凝土，进行了近代建筑表现形式的探索，并提出了以下两个方案！

⇒ 用框架结构（柱和梁组成的架构）替代墙承重结构

⇒ 保留混凝土原本的质感由此诞生的建筑就是……

追求现代主义形式简化与古典主义美学的两相结合，
这是世界上首座清水混凝土建筑！
兰西圣母教堂！

在哥特式的教堂中，立柱本应攀上肋式拱顶，在顶点处集合于一点，在这座教堂中却停留在拱顶表面

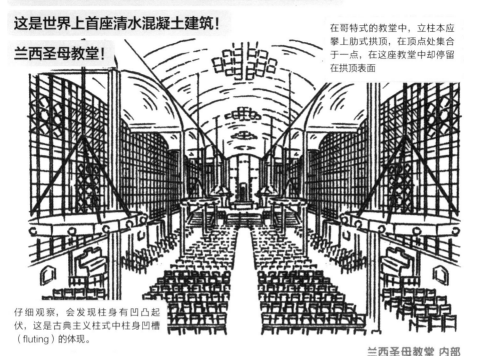

仔细观察，会发现柱身有凹凸起伏，这是古典主义柱式中柱身凹槽（fluting）的体现。

兰西圣母教堂 内部

遗憾的是，这座建筑虽然如今已经成为世界遗产，但在完成当时并不受好评。原因在于那个时代，风格派、纯粹主义和表现主义引领潮流先锋，而这些都与清水混凝土无缘。

在这样的大环境下，安托宁·雷蒙德（Antonin Raymond）仍然注意到了这种独特的表现方式，并在自己的宅邸采用了清水混凝土，于是在 1924年（兰西圣母教堂建成仅 1 年后），日本的第一座清水混凝土建筑诞生了！此后清水混凝土在日本的发展历程，沿着雷

彩绘玻璃仿佛在致敬哥特式教堂，绚烂的光线充满了整个教堂

因为建于第一次世界大战后，预算极低，钢筋混凝土也采用了较为纤细的材料

彩绘玻璃

蒙德—前川国男—丹下健三的脉络前进，安藤忠雄也将在不久后登场（详情请参照《日本建筑图鉴》）。

事实上，在钢筋混凝土结构刚刚问世的时代，这种手法大多被用于建造成本较低的工厂、仓库或下等住宅，然而到了如今，这一结构在大规模建筑物使用已经成为理所当然的事情，设计感也受到不低的评价。可见，随着时间流逝，建筑类型和施工方法的评价标准也会不断变化。

施罗德住宅

53

风格派实践　面与线构成的前卫住宅

施罗德住宅（1924年）

相关·笔记 近代建筑、现代主义建筑

人物·设计者 G.T. 里特维尔德（Gerrit Thomas Rietveld）

G.T. 里特维尔德
父亲是家具工匠，从小就开始设计家具，建筑则几乎是自学成才

在第一次世界大战的战火纷飞当中，风格派作为一场艺术运动，使抽象艺术家们和整个西方美术界都为之一振，甚至对建筑领域和后来的包豪斯都影响深远。它跨越了国境也超越了绘画领域，对整个艺术界做出了巨大贡献。

这场运动中，由特奥·凡·杜斯伯格（Theovan Doesburg）和皮特·科内利斯·蒙德里安（Piet Cornelies Mondrin）率领的画家、雕刻家、建筑师们，在机关报刊《风格》的领导下倡导艺术与生活的融合，以生活环境的全面设计为目标，涵盖领域从绘画一直到建筑。风格派基本理念是蒙德里安所倡导的新造型主义（Neoplasticism），其中深入探究了三原色（红、黄、蓝）与黑白灰、水平与垂直要素间的关系，致力于通过这类有限要素构成整体。这一设计特征在红蓝椅上首次得到呈现。

红蓝椅

接着，将风格派应用于建筑设计的正是面与线构成的前卫住宅——施罗德住宅！

施罗德住宅建造在乌特勒支传统砖瓦结构的联排别墅当中。黑白灰的面材与红黄蓝的鲜艳构件分别对应着面与线（水平、垂直）的组成元素，最终构成了这座前卫住宅，一举冲击了整个建筑界。

传统砖瓦结构联排别墅

在二楼一体化的居室与餐厅转角处，一扇转角窗替代了立柱。打开窗户时，没有任何阻碍视线的建筑构件，在室内可以充分地享受窗外景色

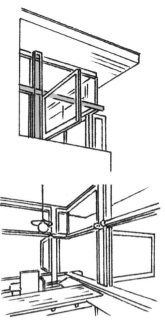

施罗德住宅 内部与窗具

自由自在的房间隔断

二楼是生活的中心区域，白天可以将所有的可移动隔板打开，形成视线通透的单个房间，如果再将浴室部分的隔断收纳起来，就会产生具有洄游性的空间。而到了晚上，只需拉出活动空间隔板，就可以形成三个单间和一处餐厨起居一体化的空间，完美地保证了每位居住者的隐私。这一设计将灵活的动态与功能性相结合，可以说正是风格派理念的代言者。

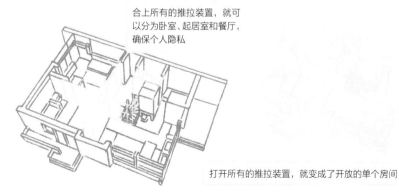

合上所有的推拉装置，就可以分为卧室、起居室和餐厅，确保个人隐私

打开所有的推拉装置，就变成了开放的单个房间

仅凭面与线的组合构成整体的风格派。

正是这种面与线的几何美学原理，指导着建筑界沿包豪斯、纯粹主义和匀质空间的脉络一路前行！

法古斯工厂（1911年）
设计者：格罗皮乌斯、迈耶

54

现代主义建筑
普及的起点　包豪斯
德绍的包豪斯（1926年）

相关·笔记 工艺美术运动、风格派、
德意志制造联盟

人物·设计者 瓦尔特·格罗皮乌斯
（Walter Gropius）

　　20 世纪以后，现代主义建筑几乎席卷了全世界的城市，而德绍的包豪斯正是其原型。

　　20 世纪初，德国为增强国际竞争力优先发展机械生产。为了实现品质的提升，探寻符合工业生产形式的制造理念，赫尔曼·穆特修斯（Hermann Muthesius）于 1907 年成立了德意志制造联盟。就在这一潮流之下，后来成为包豪斯第一任校长的建筑师瓦尔特·格罗皮乌斯设计出了法古斯工厂，这座建筑也先于包豪斯成为现代主义建筑的源流之一。

瓦尔特·格罗皮乌斯
（1883–1969 年）

包豪斯校长。与赖特、密斯·凡·德·罗、柯布西耶同为近代建筑巨匠。徘徊于工艺美术运动、表现主义、风格派等多种艺术流派之间，最终完成了现代主义建筑

　　这并不是一个偶然。工厂建筑以高效的生产系统为重，首要需求是简朴实用，因此可以轻易去除文化性装饰。

　　包豪斯于 1919 年创办于德国魏玛，原本是继承了工艺美术运动（参照 40）中美术工艺学校传统的一所学校。

　　因此，包豪斯致力于"将雕塑、绘画与建筑融会贯通，进行未来崭新建筑的构思和创造"。这一主导思想比起德意志制造联盟，其实更接近工艺美术运动。

　　然而，财政困难还是导致包豪斯展开了面向大量生产的转型，这次转变同时也是向德意志制造联盟原定目标的一次回归。接着，格罗皮乌斯也终于转向功能主义。魏玛的包豪斯校长室的设计贯彻了纯白与直角的美学，表现出冷静且透彻的现代主义理想。

魏玛的包豪斯校长室（1923 年）

接着，现代主义建筑的原型，
德绍的包豪斯终于诞生了！

德绍的包豪斯（1926年）

就这样，包豪斯在白色方盒上镶嵌连续长窗的样式成为一个原型，在此后走向全世界。

不过，建筑界如此极端的发展状况，究竟有着怎样的背景呢？

首先，工业革命带来了属于科学与技术的新时代，因此基于历史和传统文化的历史主义建筑逐渐走向了空洞化。

工匠和建筑家们在灰心之余，奋力将逐渐被遗忘的哥特式，古希腊、古罗马复兴，甚至是异国风

> **当时现代主义建筑的重要主张**
>
> 禁用令人联想到古典主义的对称平面或立面
> 禁用坡屋顶、穹顶、柱式等主题
> 禁用一切表面装饰　　　　平滑的纯色墙壁
> 纯粹的方盒形态　　　　　简单且经济的构造

格，全都重新拿出来投入了实践。像是将老旧的玩具箱翻倒过来进行一通胡乱组合，这就是当时建筑界的状况。

但是很快，就连可用于参考的过往样式都穷尽了，建筑师们终于陷入僵局，开始把目光转向人的感受。

具体来说，新艺术运动（参照44）从植物中获取灵感，艺术装饰风格（参照56）由矿物获得原型，风格派（参照53）取材于几何，接着，现代主义建筑从数学公式中诞生。

人的生命由植物来维持，植物生长则需要矿物，矿物结晶以几何学形态为结构，几何学则以数学公式为基础。从数学公式中诞生的建筑，已经无法再给人以风土、国籍、历史、文化的直观感受。

话说到这里，建筑学的发展是否也会就此停滞？

不，事情并非如此简单。以此为起点，继格罗皮乌斯之后，密斯·凡·德·罗，勒·柯布西耶，还有许许多多新时代的建筑师们，又在此后接连创造出崭新的建筑！无论在何时，建筑的未来都不会终结！

55

近代建筑的巅峰
匀质空间
巴塞罗那博览会德国馆（1929年）

新国家画廊（1968年）

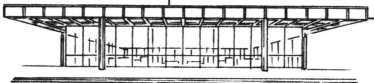

　　德绍的包豪斯构筑了现代主义建筑的原型，建筑的未来看似已经走到顶点……然而在此基础上，另一位建筑师又向前迈进了一步。

　　这就是密斯·凡·德·罗。

　　密斯在开始建筑师职业生涯后的一段时间里，还在专注于新古典主义，但慢慢地，他开始发表一些划时代的设计方案，作为先锋式的人物逐渐崭露头角。

相关·笔记 现代主义建筑、风格派、草原风格
人物·设计者 密斯·凡·德·罗

密斯·凡·德·罗
（1886–1969年）

出生于德国的石匠家庭，未曾接受建筑教育，最初一边在事务所绘制草图一边学习设计，在不久后独立。20世纪30年代就任包豪斯第三任校长。近代建筑运动的中心人物之一

钢筋混凝土办公楼方案（1922年）

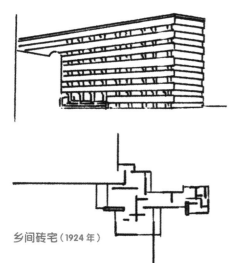

乡间砖宅（1924年）

　　在1922年发表的"钢筋混凝土办公楼方案"中，均匀的玻璃幕墙与外墙层层相叠，呈现出具有均一特质的崭新空间概念。虽然不能确定此时密斯对此有多少自觉，但这座建筑已经呈现出一种包容所有功能的普适性，展现出匀质空间理念的端倪。

　　另一方面，在乡间砖宅的设计方案当中，密斯将独立的墙壁自由摆放，形成了与各个方向连贯流动的空间。

　　经历这些方案的历练，密斯的建筑作品终于得以落地！

这就是巴塞罗那博览会德国馆，

简称巴塞罗那德国馆！

巴塞罗那博览会德国馆

在巴塞罗那德国馆，密斯将墙和立柱的厚度都缩减到了最小，镶嵌的玻璃从地板延伸到天花板，融合了风格派的平板要素与赖特在罗比住宅中展示出的草原风格。

空无一物的纯粹空间……这正是抽象的极点。这件作品使很多人的观念受到了冲击。

接着，在范斯沃斯住宅的设计中，密斯通过消除隔墙实现了房间概念的解体，以实际作品展示出匀质空间的概念。

未经隔断的空间具有最大的灵活性，通过家具的布置就可以自由创造出所需的空间。

接下来的新国家画廊，成为迄今为止最大规模的匀质空间。密斯一手打造的这处匀质空间，打破了包豪斯或纯粹主义（参照57）的方盒形式。

踏入建筑，仿佛是走进无限宽广的空间，玻璃制成的隔板飘落其中。建筑与大地的连接，墙壁和窗扇的分别，内与外的界限，甚至左和右的方向都消失，呈现在眼前的只有坐标数值般的终极匀质空间！

物质的终极在于粒子，建筑的终极则在匀质空间。在这里，现代建筑到达了一处巅峰。

此后的叙述，将是现代建筑新的开始。世界上还有许许多多充满魅力的建筑，包括后现代主义建筑、高技派建筑（参照64）、解构主义建筑、木制建筑的发展等，就让我们继续这趟建筑世界的旅行吧！

范斯沃斯住宅
（1951年）

克莱斯勒大厦

56

接连现身于摩天大楼的华丽的**艺术装饰风格**

克莱斯勒大厦（1930年）

相关·笔记 新艺术运动、现代主义、分离派
人物·设计者 威廉·范·阿伦（William Van Alen）

为什么，**摩天大楼**要搭配**艺术装饰风格**？

第一次世界大战之后，欧洲各国经济凋敝，一跃兴起的美国成为新的舞台。就让我们看看究竟是怎样的情况吧。

首先要说明的是，**艺术装饰风格自身原本就没有很强烈的主张或理念，因此极具通用性**。在各地的**殖民地独立运动**纷纷兴起的时代，**艺术装饰风格为许多国家提供了展现民族身份认同的最佳手段**。

因此，它也是**第一种在全球范围流行的样式**！

艺术装饰风格的重点

- 采用近代技术的产物——钢筋混凝土表现各个国家的国民性、历史、传统、地域性等要素
- 作为一种大众产品歌颂富裕、奢侈与快乐，包含着游刃有余和玩世不恭的态度

原来如此！

艺术装饰风格形态特征

大多是纵长的窗户以一定间距排列，窗相对墙面稍稍内陷，周围设置**线脚造型**（现代主义提倡平滑表面）

—— 线脚造型

檐口

浮雕

壁柱

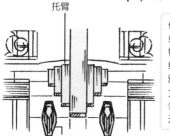

托臂

八角形窗

使用圆形、椭圆形或八角形的窗户，锯齿形、放射状的线条，还有源自玛雅、印加、埃及等文化的几何图案装饰（现代主义提倡无装饰）

墙面显现出壁柱和横梁，房檐上饰有檐口，呈现各个方向的**墙面分节**（现代主义提倡一体化）

于是出类拔萃的艺术装饰风格，

铭刻在席卷了时代的纽约摩天大楼之上！

克莱斯勒大厦顶部

不锈钢的顶部闪耀着光辉，
圆弧形层层相叠，加入三角
形构成装饰

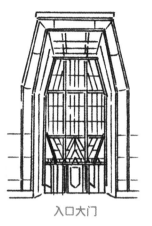

运用斜线和锯齿状线条
营造出近未来感，即便
现在来看也有几分宇宙
飞船的神韵

入口大门

采用了抛光的大理石和金属材料，连同
细节处的转角都闪闪发光。照明器具使
用了带有不锈钢反射板的霓虹灯管

入口大厅

美国是殖民地走向独立后形成的国家，艺术装饰风格则是建筑样式中自由的象征，二者的气质一拍即合。因此，在美国的任何一座城市都可以看到艺术装饰风格的身影。其中，纽约可以说是多样性的一个代表，建成于那个年代的几乎所有摩天大楼都可以在门窗周边和建筑顶端看到典型的艺术装饰风格造型。此外，同是生于美国的弗兰克·劳埃德·赖特（参照47），终其一生都没有舍弃艺术装饰风格的装饰细节。

在接下来的时代，现代主义建筑（参照54）成为世界通用语言，在一段时间里，装饰被视为无用之物而遭到排斥。

然而从很久以前开始，装饰就包含着人们对于更加富裕、幸福生活的美好追求，也成为这些想法的一个寄托。举例来说，如果只追求"功能"，服装也就不会有装饰了，但事实并非如此……因此或许可以说装饰其实必不可少，也是人类本能的一种体现。

萨伏伊别墅 外观

❸屋顶花园

57
现代建筑五大原则
高水准融合成为纯粹主义
萨伏伊别墅（1930年）

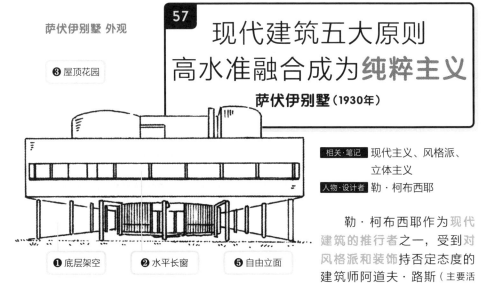

❶底层架空　　❷水平长窗　　❺自由立面

相关·笔记　现代主义、风格派、立体主义

人物·设计者　勒·柯布西耶

勒·柯布西耶作为现代建筑的推行者之一，受到对风格派和装饰持否定态度的建筑师阿道夫·路斯（主要活跃于奥地利）等人的很大影响。他批判立体主义造型的"装饰性"特点，主张"更合理的、更具秩序的构成"。

接下来，具有几何构成特质的纯粹主义（Purism）首先作为绘画形式呈现。不久后，柯布西耶以纯白为基调，将纯粹主义要素运用在了自身的建筑作品当中。

纯粹主义的特征可以简要概括为运用纯白与直角要素的几何构成。随之诞生的萨伏伊别墅，在高水准的几何操作基础之上，融合了柯布西耶提出的现代建筑五大原则（❶~❺），成为纯粹主义的杰出代表作！

勒·柯布西耶
（1887–1965年）

瑞士出生，原本以画家为目标，在半途踏上建筑之路。在东方之旅中见识到各地特有的建筑，收获颇丰。从山间小屋到城市规划，工作涉及的范围十分广阔。是近代建筑三大巨匠（其他两位分别是赖特和密斯）之一

❹自由平面

平面设计的开放性值得特别关注。此前的西方建筑都以大量墙壁承重，窗户很少，能够到达建筑内部的自然光极其有限。此外，窗户基本上是纵向较长。相比之下，萨伏伊别墅设置了水平长窗，能够从各个方向进行不同程度的采光，开创了明亮的时代

萨伏伊别墅二层平面图

从几何形式构成的立面几乎无法想象
内部空间多样且富于变化，具有开放感！

萨伏伊别墅
客厅与屋顶花园

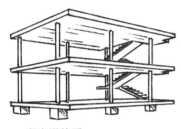

多米诺体系

五大原则中"自由平面、自由立面"的叙述，可能会给人以"不受限制"的印象，但实际上柯布西耶的建筑都是依据极高的精确性和数学法则，以美学调和为标尺设计而成（柯布西耶希望从文艺复兴等过去的建筑样式中继承"比例体系"）。

柯布西耶还提出了多米诺体系，认为这一体系应当成为新的"建筑原型"，其创新之处在于，框架结构使外墙和柱、梁首次得到分离。

比例细长的立柱给人以长方体悬浮于空中的外观印象，一层的外墙后退形成阴影，更加突出了首层架空的特质。

实际上，纯粹主义原理的源流，正是风格派所发现的纯白、原色与直角的几何美学。值得注意的是，包豪斯作为现代主义的原点也在这条脉络之上。

1929 年，现代主义建筑的巅峰——密斯的巴塞罗那博览会德国馆竣工，柯布西耶也来到了一个分岔路口。晚年的柯布西耶，从纯粹主义转向了天然石材与砖块，投身于触感与材料质感的实践，开始创造富于生命活力的形态和空间！

以朗香教堂（参照 61）为首，柯布西耶晚年的作风与过去截然不同，这些建筑呈现出崭新且充满震撼力的样貌！

在作为建筑师的一生之中，柯布西耶尝试了多种多样的风格，这也许正是他至今仍被全世界所爱戴的理由之一。

林地公墓
（瑞典语：Skogskyrkogården）

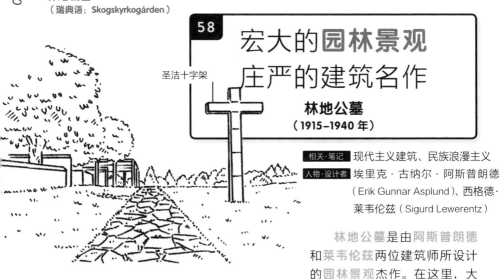

圣洁十字架

58

宏大的园林景观
庄严的建筑名作

林地公墓
（1915–1940 年）

相关·笔记 现代主义建筑、民族浪漫主义
人物·设计者 埃里克·古纳尔·阿斯普朗德
（Erik Gunnar Asplund）、西格德·
莱韦伦兹（Sigurd Lewerentz）

林地公墓是由**阿斯普朗德**和**莱韦伦兹**两位建筑师所设计的**园林景观**杰作。在这里，大自然与近代墓地的和谐交融营造出祥和的氛围。1915 年，在一场主题为"运用自然森林的墓地营建"的国际竞赛中，两人的设计方案拔得头筹，从此经历漫长的建造过程，于 25 年后竣工。1935 年后的设计全部由阿斯普朗德一人完成，**林地火葬场**也成为 1940 年离开人世的他的遗作。

十字架之路由自然石乱铺而成，平缓的坡度通向大礼拜堂的凉廊。花岗石制成的**巨大圣洁十字架**象征着"生→死→生"的生命循环。十字架东侧是**林地火葬场**、**圣十字礼拜堂**（大礼拜堂）、**希望礼拜堂**与**信仰礼拜堂**。

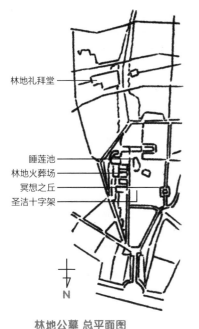

林地礼拜堂

睡莲池
林地火葬场
冥想之丘
圣洁十字架

N

林地公墓 总平面图

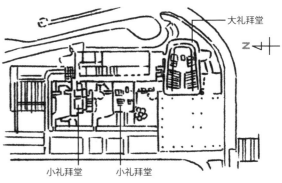

大礼拜堂

Z

小礼拜堂　　小礼拜堂

林地火葬场 平面图

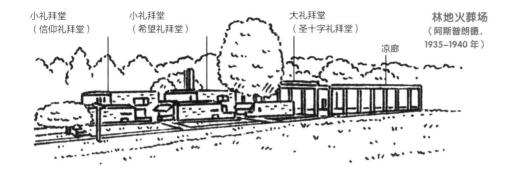

小礼拜堂
（信仰礼拜堂）

小礼拜堂
（希望礼拜堂）

大礼拜堂
（圣十字礼拜堂）

凉廊

林地火葬场
（阿斯普朗德，
1935—1940 年）

林地礼拜堂（阿斯普朗德，1920 年）

阿斯普朗德的遗作林地火葬场，是由两座并排的小礼拜堂、一座附带凉廊的大礼拜堂以及一处火葬场组成的追悼空间。布局利用了地形高差，礼拜堂设在外侧高处，火葬场和管理部门则集合在内侧低处，二者都与林中树木一同营造出了和谐优美的园林景观。

林地礼拜堂 内部

1920 年，阿斯普朗德最初设计的林地礼拜堂竣工，松林深处，一座木瓦铺制的四坡顶小礼拜堂悄然现身。穿过压低了高度的柱厅，进入礼拜堂，顶光安静地洒下，充盈着内部半圆的穹顶空间。

莱韦伦兹设计的复活礼拜堂竣工于 1925 年。这座礼拜堂形似古代神庙，与阿斯普朗德的林地礼拜堂形成对照。

林地火葬场西侧榆树繁茂的山丘，也是壮阔园林景观的一处标志，从山上可以俯视针叶林与复活礼拜堂。在阿斯普朗德设计的林地火葬场与莱韦伦兹设计的冥想之丘间，还有两处睡莲池，池水如镜面般光洁平静。

复活礼拜堂（莱韦伦兹，1925 年）

睡莲池

冥想之丘（莱韦伦兹）

复活小教堂

59
流淌着民族浪漫主义余韵的礼拜堂
复活小教堂（1941年）

相关·笔记 现代主义、园林景观
人物·设计者 艾瑞克·布雷曼（Erik Bryggman）

复活小教堂由芬兰建筑师艾瑞克·布雷曼设计，饱含对战争中逝去友人的祈祷之念。

这座建筑形式简洁，悄然伫立在芬兰古都图尔库的森林中。

它是民族浪漫主义（北欧古典主义）的代表性建筑，摒除了传统教堂的彩绘玻璃、宗教画等要素，融合了本土特征与传统技术。此外，射入教堂的阳光，与祭坛相映照的森林风景，还有十字架背后生长的藤蔓植物，这些自然要素都被巧妙地融入建筑中。

美绝不是建筑物包裹的神秘面纱，而是一切要素都摆放在正确的位置时呈现出的逻辑性结果

艾瑞克·布雷曼
（1891–1955 年）

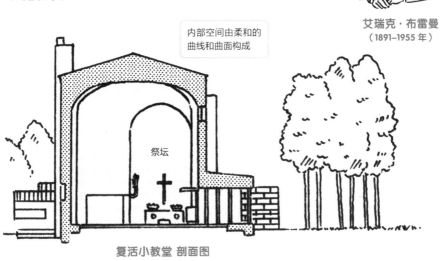

内部空间由柔和的曲线和曲面构成

祭坛

复活小教堂 剖面图

为了使柔和的光线可以照射到祭坛及后方的墙面，侧面的墙壁全面开窗

复活小教堂 优美曲面构成的内部空间

内部空间经过精心设计，视线、光线和庭院的方向都被考虑在内。通常，教堂的椅子会朝向祭坛正面，但在这个礼拜堂中，长椅整体向左前倾斜了30度左右，以朝向光的方向与祭坛的方向。这样做同时使视线可以投向外部，感受到松林的美好氛围。

侧面的整面窗嵌入双层玻璃。玻璃带有浅色，是多种色彩的混合

宽阔的水平落地窗将美丽的松林和脚边的草坪风景引入小教堂内部

教堂入口附近是垒砌石墙的二楼，支撑扶手部分的墙壁是木制的，如管风琴一般。从高窗散发的光芒，低调且柔和地映照出建筑物结构

民族浪漫主义的特征，是将北欧的风土和自然融入设计，这与世界通用的现代主义恰好形成一组对照。北欧独有的柔软特质，在之后的北欧现代风格中也被继承，与当今的北欧气质息息相关。

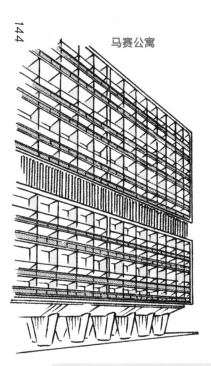

马赛公寓

60 离开地面的 层叠花园城市

马赛公寓
（1952 年）

相关·笔记 现代主义、帕拉第奥、钢筋混凝土
人物·设计者 勒·柯布西耶

　　对于勒·柯布西耶来说，这处集合住宅是在法国接手的第一个公共项目设计。在法语中，如果仅仅是住户聚集形成的建筑，其实可以直接称作"appertement"，然而马赛公寓作为"unité d'habitation（＝住宅综合体）"，还附带了与生活相关的多样功能。

地面开放，共用设施整体向上移动

　　这座长 165 米、宽 24 米、高 56 米的建筑物底层架空，被粗壮有力的支撑结构抬升至半空。原本会占据地面的公共设施与共用设施部分被移除，底层作为步行道路和停车场对外开放。

勒·柯布西耶

屋顶

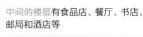
中间的楼层有食品店、餐厅、书店、邮局和酒店等

囊括公园、体育馆、游泳池等体育娱乐设施，幼儿园条件也很完善

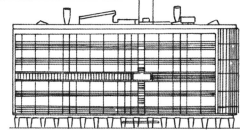
并非水平扩展，而是垂直堆叠的一座城市

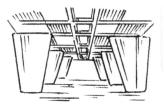
支撑巨大建筑物的厚重柱体其实内部中空，装有给水排水等设备

底层架空

全部的生活都可以在一栋建筑中进行，这一想法源自于豪华游艇

剖面设计是东西两方向采光的关键

正如"为所有住所点亮阳光！"所描述的，户型能够从东西两个方向采光

纵深的凉廊起到了遮阳(Brise-Soleil)的作用，在盛夏隔绝强烈的阳光，在冬日又能让阳光照进深处

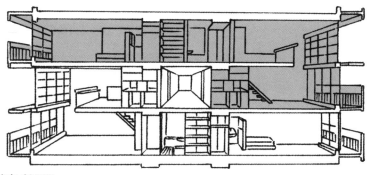

马赛公寓 剖面图

提供 23 种房型，337 处住户。基本布局采用跃层公寓形式

凉廊侧面的墙上涂抹红、蓝等鲜艳的色彩，隐匿了混凝土的粗糙

站在黑暗的中央走廊，推开家门，室内正充满阳光。内部以跃层公寓为主要形式，贯穿东西两个方向，确保居住者能够享受到晨间和午后的阳光。

基于模数体系的建筑尺度

模数体系是柯布西耶根据人体尺寸和黄金比的研究确定的一套以人体为基准的崭新尺度体系。以身高 183 厘米为基准，举起手后的高度约为 226 厘米，使用符合人体尺寸的这些数值，可以自然而然地将空间和家具做成适宜活动的尺寸。人们的舒适生活不需要过大的空间，符合人体尺度就恰好适用。

柯布西耶的模数体系

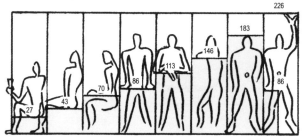

（单位：cm）

马赛公寓的各个部分也依据模数体系确定了尺寸，层高 2.26 米，纵深 24 米。单看数字可能并不宽敞，实际上却构成了使人心情平静的舒适空间。

朗香教堂

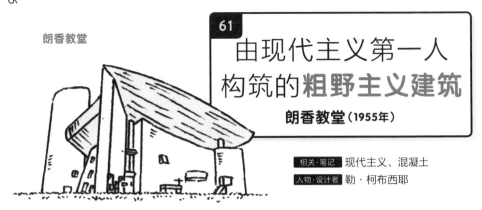

61

由现代主义第一人
构筑的**粗野主义建筑**

朗香教堂（1955年）

相关·笔记 现代主义、混凝土
人物·设计者 勒·柯布西耶

朗香教堂是无人不晓的近代建筑巨匠勒·柯布西耶的后期代表作。从法国东部的小镇登上山坡，就可以看到教堂独特的外观。

巨匠创作的有机建筑震撼世人

在第二次世界大战中，原本的多明我会礼拜堂遭到毁坏。筹划重建时，高提耶神父等人委托勒·柯布西耶进行设计，以求向宗教建筑注入新精神。正如柯布西耶本人后来回忆道"这还是第一次进行造型性的工作"，这座建筑同他昔日以萨伏伊别墅（参照 57）为代表的遵循理性的建筑风格截然不同。

高提耶神父

看似厚实沉重的屋顶实际上使用了内含空洞的薄壳构造。钢筋混凝土创造了自由的雕塑般的造型

厚重的墙壁使用了钢筋混凝土的结构框架。砌筑非承重墙时回收利用了旧礼拜堂残留的砖块和石材，在其上喷涂灰浆，再用石灰抹面修饰

外观从蟹壳得到灵感

光线戏剧性呈现于内部空间

迈入礼拜堂内部，就会惊异于和外观截然不同的氛围。南面的墙壁上打开了无数窗扇，透过红、绿、蓝或是透明的彩绘玻璃，各色的光线照射并扩散开去，这幅光景实在是神秘至极。在开窗之外，建筑内部的各个细节都经过一番推敲，引入与礼拜堂相称的光线。

东面的墙壁上打开无数个洞口，光照射进礼拜堂，营造出庄严神圣的空间氛围

墙壁与屋顶间的狭缝射进光线，呈现出不可思议的悬浮感，强调了屋顶的轻快

晚年时到达的境界

粗野主义建筑

即使依照建筑史来说，勒·柯布西耶也是现代主义建筑当之无愧的先驱，完成了一件又一件基于功能性与合理概念的建筑作品。然而，这座礼拜堂雕塑般的形态，与合理性相去甚远。开启了一个时代的巨匠，在晚年又寻得了新的建筑表现手法，这类建筑也被称为"粗野主义建筑"。

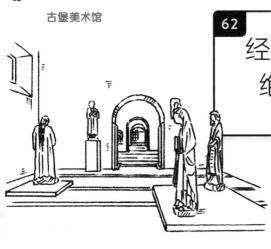

62 经由材料名家之手 绝妙的**建筑改造**

古堡美术馆（1964年）

相关·笔记 现代主义

人物·设计者 卡洛·斯卡帕（Carlo Scarpa）

这次的舞台来到建造于 14 世纪的斯卡拉家族古堡。随着时代变迁，这座城堡经历了多次扩建整改，1923年改建为美术馆，却很快在战争中荒废。1958 年，意大利建筑师卡洛·斯卡帕接手的工作，正是要将这座美术馆翻修、改建，使之重获新生，这一过程也被称为建筑改造（conversion）。工程历时 6 年，完成于 1964 年。

连续的优美拱券

建筑的入口原本在中央，但在改建时被移动到东端。这不仅仅形成了一条便于观赏的路径，还形成了令人在进入时不禁屏息的巧妙空间构成。在轴线上，人们将一边欣赏雕塑作品，一边穿行于连续的拱券之间。

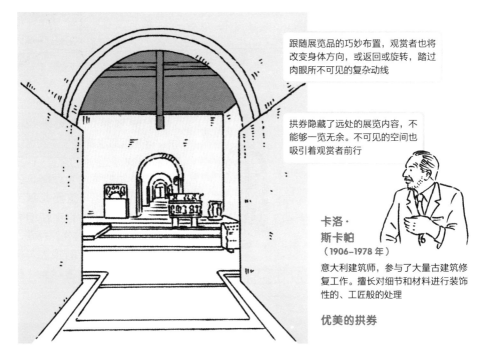

跟随展览品的巧妙布置，观赏者也将改变身体方向，或返回或旋转，踏过肉眼所不可见的复杂动线

拱券隐藏了远处的展览内容，不能够一览无余。不可见的空间也吸引着观赏者前行

卡洛·斯卡帕
（1906-1978 年）
意大利建筑师，参与了大量古建筑修复工作。擅长对细节和材料进行装饰性的、工匠般的处理

优美的拱券

建筑空间也是展览的一部分

这座美术馆的看点不仅仅是建筑物的改建手法。每件展览品的位置都经过事先确定，再赋予与之相应的空间和布置。展台、展板和支撑用的金属零件，都由斯卡帕亲手设计。

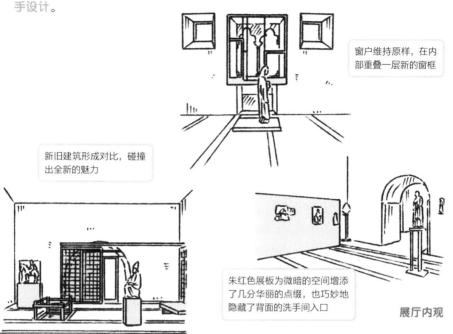

窗户维持原样，在内部重叠一层新的窗框

新旧建筑形成对比，碰撞出全新的魅力

朱红色展板为微暗的空间增添了几分华丽的点缀，也巧妙地隐藏了背面的洗手间入口

展厅内观

分割产生了富于魅力的外部空间

美术馆被道路分割为东西两个部分，各为一栋二层建筑，鉴赏者在欣赏作品的同时自然而然就来到了外部，这处空间在维持鉴赏情绪的同时，也成为稍事休息的场所。这里也是充满了魅力，不愧为斯卡帕的手笔。

骑马像安置在挑出的清水混凝土台座上

露台供人们近距离观赏雕像

设置在室外空间的骑马像是美术馆的一大看点，空间设计使人能够从各种角度和距离欣赏雕像

索尔克生物研究所

63 建造出足以邀至毕加索的**实验室**

索尔克生物研究所
（1966 年）

相关·笔记 现代主义建筑、清水混凝土、无柱空间

人物·设计者 路易斯·康（Louis.I.Kahn）

索尔克生物研究所被称赞为**世界上最美的建筑之一**，来访者从世界各地闻名而至。建筑师**路易斯·康**作为能够代表现代主义的巨匠，在与客户保持着稳固信赖关系的同时，经历6年的漫长岁月最终完成了这件作品，也成为人们一生中期望能够到访一回的建筑。

这里应当以天空作立面，花草树木都不必要

路易斯·巴拉干（1902–1988 年）
墨西哥代表性建筑师

以天空作立面

在设计过程中，**路易斯·康**对广场的设计一度犹豫不决。这里是研究人员们的休息场所，因此康在最初的设计中也考虑过成片的绿荫，但大约是没能满意于此。借这个机会，他向墨西哥的建筑大师路易斯·巴拉干询问建议，巴拉干答复："这里应当以天空作立面，花草树木都不必要。"经此一语康如逢知己，于是现在可以见到的象征性的广场诞生了。

修道院般的空间

索尔克博士希望建筑拥有类似**修道院**（参照18）的中庭和回廊，让研究者们能够自然而然地感受到在同样的地方度过着同样的时光。他还委托康务必设计出"能够邀毕加索前来的实验室"。于是，以能够眺望太平洋的广场为轴线，南北两侧的建筑物呈现严谨的轴对称形式。

索尔克博士在传达设计委托时，向康寻求一座"能够邀毕加索前来的实验室"

索尔克生物研究所 剖面图

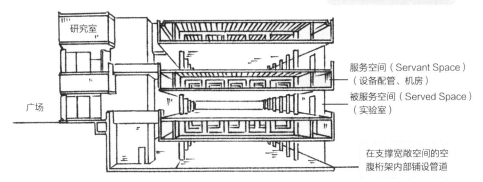

研究室

广场

服务空间（Servant Space）
（设备配管、机房）
被服务空间（Served Space）
（实验室）

在支撑宽敞空间的空腹桁架内部铺设管道

实验室是研究所的核心，需要确保宽敞、灵活的空间。为此需要实现以下两个要点。

---

❶ **实验室的理想空间是没有隔断的开敞空间**
　→在结构上需要减少柱和梁带来的干扰
❷ **随着实验装置时时刻刻的发展更新，管道设备也需要能够随时更换**
　→在便于更换设备的同时，还要设法避免实验室里的杂乱状态

为了解决这些问题，康一直提倡的主从空间划分，即被服务空间 – 服务空间二者分离的想法，在这里得到了应用。

实验室和设备管道空间按楼层分离，交替重叠。实验室采用了能够支撑宽广空间的大的梁架（空腹桁架），中空部分用作管道铺设。

这样一来，就在上下层之间成功取得了设备专用的空间，通过结构与设备规划合为一体的合理系统，建成了可以应对任何研究的实验室。这一划时代的建筑系统，此后也运用在美国的许多医院建筑中。

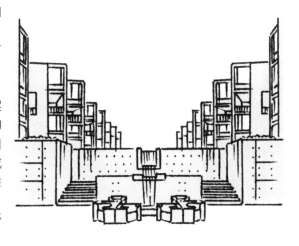

蓬皮杜艺术中心

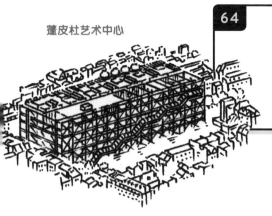

64

技术的呈现
高技派建筑

蓬皮杜艺术中心
（1984 年）

相关·笔记 现代主义、未来派、无柱空间

人物·设计者 伦佐·皮亚诺（Renzo Piano）、
理查德·罗杰斯（Richard George Rogers）

从 19 世纪的印象派到 20 世纪的立体主义（参照 48），世界的艺术中心一直在法国。但第一次世界大战以后，随着经济中心转移，美国开始在艺术界崭露头角，创建于 1929 年的纽约现代美术馆（MOMA）也担起重任。在这一背景下，法国迫切希望恢复自身作为艺术发源地的地位，蓬皮杜艺术中心也应运而生。

伦佐·皮亚诺与理查德·罗杰斯

爱好艺术的蓬皮杜总统是这次设计的发起者。经过国际设计竞赛的选拔，伦佐·皮亚诺和理查德·罗杰斯的方案被采用。

近代美术馆作为中心设施位于顶部三层。为灵活应对近现代绘画、雕塑、装置等各类艺术作品的展示，内部需要尽可能实现无柱空间，因此不仅仅是支撑结构，连同楼梯、电梯、自动扶梯、空调和换气用管道，全部设置在了建筑物外侧。

于是，一件和过往建筑几乎全不相关的，形似机械（高科技产品）但色彩鲜艳、拥有活泼形态的造物呈现在人们眼前。它独特的外观一度引起各界争论，但就结果而言可以说是很好地完成了最初的目的，作为艺术殿堂确立了不可动摇的地位。

红: 交通体系（EV）

与广场相反，在面向博堡大街的一面，设备管道依照各自的作用被涂抹上不同的颜色，为建筑物赋予独特的神情

—— 蓝: 空调管道
—— 绿: 供水管道
—— 黄: 供电管线

建筑物内部没有立柱，灵活可变的空间得到实现

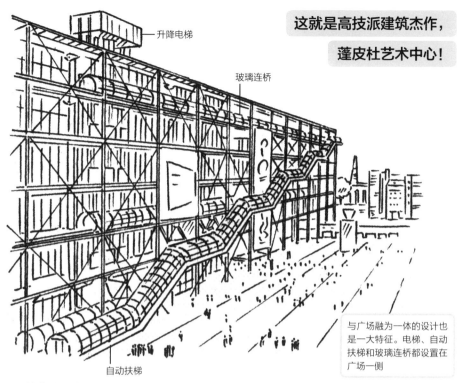

升降电梯

玻璃连桥

这就是高技派建筑杰作，蓬皮杜艺术中心！

与广场融为一体的设计也是一大特征。电梯、自动扶梯和玻璃连桥都设置在广场一侧

自动扶梯

蓬皮杜艺术中心 广场一侧外观

　　与蓬皮杜艺术中心设计几乎在同一时期，一帮称为高技派的建筑师在世界范围内日渐活跃起来，其中也包括伦佐·皮亚诺、理查德·罗杰斯、诺曼·福斯特等人。

　　高技派的建筑手法，在运用最新技术的同时确保了必要的强度和空间的广度。

　　这些建筑往往不止步于合理性，还有着轻快、明亮、整洁且富于诗意美的共同点，这些也成为高技派建筑的魅力所在。

　　近年来，大多高技派的建筑家也对节能和环境问题表示关心。举例来说，伦佐·皮亚诺利用自然通风系统设计出了几乎不需要空调的建筑，也展示出高技派建筑不断拓展的可能性。

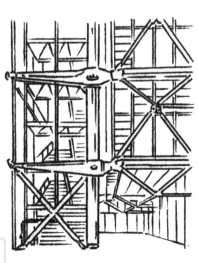

覆盖建筑物外部的支撑结构由多种零件拼装而成，这些零件全部由建筑师亲手设计

详细设计的立面

153

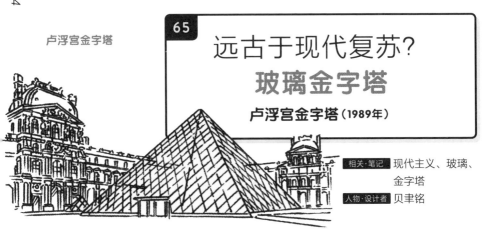

卢浮宫金字塔

65

远古于现代复苏？
玻璃金字塔
卢浮宫金字塔（1989年）

相关·笔记 现代主义、玻璃、
金字塔
人物·设计者 贝聿铭

1981 年，**密特朗总统**推出了**巴黎大改造计划**（Grands Projets），成为其核心的正是**卢浮宫**的改造设计，主旨是为来自世界各地的参观者提供更为舒适的**观展环境**。

设计首先将此前一直借用卢浮宫一角的财务部门迁出，再为增加的展览空间添加**新的主入口**，而建筑师贝聿铭被任命为该入口的**设计者**。

贝聿铭提议，将主入口设计为**地下空间**。这个方案十分合理，可以将美术馆中相互独立的各栋建筑在**地下空间连通**，但在方案发表后却引起了激烈的争论。争论的焦点集中于为向地下引入自然光而设计的**玻璃金字塔**。

> 我认为建筑是实用的艺术。
> 为实现艺术，应要首先以
> 必要性为基础

贝聿铭
（1917-2019 年）

美国华裔建筑师

这个阶段的争论主要涵盖几个方面，其中也夹杂着对密特朗总统强硬推行方式的批判，以及对起用美国华裔建筑师的保守意见，但对建筑本身的争论大致可以概括如下。

首先是对**金字塔**（参照 01）带给人的印象提出的质疑。金字塔原本是**坟墓**，也是**源自埃及的**异国文化，在使用这类设计语言前应当仔细斟酌，这是第一类批判意见。

卢浮宫美术馆 地下大厅剖面图

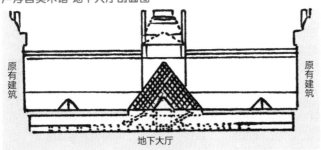

原有建筑

原有建筑

地下大厅

> 地下大厅将原有的建筑相互连通，玻璃金字塔则为地下空间带来了自然光线。

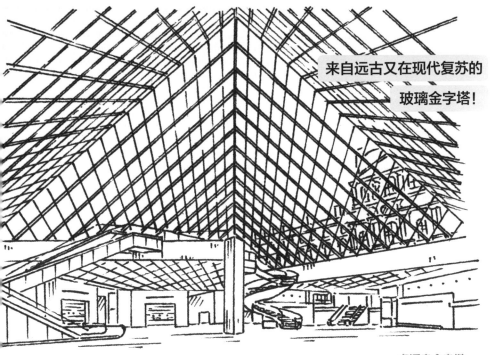

来自远古又在现代复苏的
玻璃金字塔！

卢浮宫金字塔

当时的法国市民虽对古埃及文明怀揣敬意，但在当时不少人的刻板印象中，埃及作为被统治的对象还带有落后的意味。

另一个争论点则在于新旧建筑间的调和。

无论是四棱锥状的几何形体，还是玻璃和金属的材料质感，都与原本的美术馆建筑相距甚远，引起了对景观不协调的担忧。

新凯旋门
雄狮凯旋门
巴黎协和广场
塞纳河
卢浮宫美术馆

卢浮宫美术馆位于贯穿凯旋门和巴黎协和广场的城市中心轴线之上，从整座巴黎来看都是极为重要的象征性场所，这也使争论更趋白热化。

尽管如此，密特朗总统还是按照最初的设计将方案推行，玻璃金字塔也如期竣工。

贝聿铭本人曾回忆当时"在街上都会被大群行人白眼相待"。曾经受到巴黎居民如此剧烈反对的设计方案，如今却已被人们坦然接受为巴黎的象征。

这也证实，玻璃金字塔通过合理性和艺术性的结合，获得了将批判尽数推翻的说服力。

位于巴黎中心轴线上的卢浮宫美术馆

西方历史年表

700 万年前	人类祖先猿人（南方古猿）出现
240 万年前	能人出现。北京猿人使用火和语言
60 万年前	尼安德特人出现。悼念死者的埋葬文化出现
20 万年前	早期智人出现。拉斯科洞窟、阿尔塔米拉洞窟中发现洞窟艺术
1 万年前	全球气温上升，经济生产（农耕、畜牧）开始
BC3000	海上交易日趋活跃，爱琴文明诞生
BC2700	美索不达米亚文明出现灌溉农业。世界最古老的文字出现
BC2700	古埃及文明出现灵魂不死思想，写实风格的阿玛尔纳艺术诞生
BC2590	在美索不达米亚地区，乌尔第一王朝兴盛
BC1792	到发现乌尔纳姆法典为止，被认为是世界最早法典的汉谟拉比法典制定
BC1333	图坦卡蒙登基，成为古埃及第 18 王朝法老
BC1200	在希腊爆发特洛伊战争
BC800	古希腊文明中城邦出现
BC753	罗马建国，王政～共和制。使用的语言和文字后来流传到欧洲各地
BC384	伟大的哲学家亚里士多德出生。他在自然学、物理学等广泛领域留下论述
BC356	亚历山大出生，被称为历史上最为成功的军事指挥官
BC247	天才战术家汉尼拔出生。被认为是罗马史上最强悍的对手，无人能及的谋略者
BC100	恺撒出生，为古代世界最大规模的罗马帝国奠定基础。他也是优秀的演说家
BC73	斯巴达克斯起义爆发，是古罗马史上最大规模的奴隶起义
BC27	罗马帝政时期开始。屋大维任初代皇帝
BC4	耶稣基督降生。30 岁前后与受洗礼的门徒开始宣教
30	耶稣在耶路撒冷受刑。其弟子在日后创立基督教
64	罗马皇帝尼禄以纵火为由迫害基督教徒
79	维苏威火山喷发，古罗马城市庞贝被火山灰掩埋
132	面对罗马帝国的统治，犹太人发动起义（巴尔·科赫巴起义）
313	米兰敕令颁布，一直以来受到迫害的基督教获得承认
375	游牧民族匈人压境，日耳曼人开始大规模迁移，影响到罗马帝国的存亡
395	罗马东西分裂。基督教逐渐分为天主教与东正教
476	日耳曼人迁移，动乱之中西罗马帝国灭亡
481	日耳曼部族法兰克人建立法兰克王国（墨洛温王朝）
527	查士丁尼一世即位拜占庭帝国（东罗马帝国）皇帝
529	查士丁尼一世下令编纂的民法大全公布、实施
555	查士丁尼一世灭亡东哥特王国
584	西哥特王国科尔多瓦（现西班牙）被拜占庭帝国占领
687	法兰克王国墨洛温王朝宰相丕平二世掌握实权
710	从伍麦叶王朝手中逃脱的阿斯图里亚斯王国展开收复失地运动
732	普瓦提埃战役，法兰克王国击溃伍麦叶军队
742	欧洲之父查理大帝出生。日后将罗马、基督教、日耳曼文化融合
768	加洛林王朝，查理大帝即位。几乎将西欧全域置于势力范围内
800	加洛林王朝，查理大帝加冕罗马皇帝帝冠
814	查理大帝去世，路易一世成为法兰克国王
843	凡尔登条约签订，法兰克王国分裂，成为日后法、意、德三国雏形

在非洲中部乍得发现的化石，被认为是人类祖先头盖骨（700万年前）
东非坦桑尼亚的奥杜瓦伊峡谷遗址，是人类最古老的建造物（190万年前）
在摩尔多瓦，发现使用猛犸象骨建造的房屋遗迹（44000年前）
发现大量洞窟壁画，以及人类在洞窟中生活的间断性遗迹（拉斯科洞窟壁画，2万年前）

美索不达米亚，哈苏纳房屋遗址 (BC6000)
美索不达米亚平原，城市诞生，神庙建设开始

古埃及建筑

塞加拉阶梯金字塔（BC2620—）
吉萨三大金字塔（BC2500 前后）
哈特谢普苏特女王神庙（BC2045—BC2020）
阿布辛贝神庙（BC1250 前后）
孔斯神庙 (BC1166—BC1004 前后)

乌尔山岳台（BC2100 前后）

古希腊建筑

克诺索斯宫（BC1600 前后）
帕埃斯图姆的波塞冬神庙（BC460 前后）
帕特农神庙（BC447—BC432）
伊瑞克提翁神庙（BC421—BC405）
埃皮道罗斯剧场（BC330 前后）
阿塔罗斯柱廊（BC150 前后）

古罗马建筑

维斯塔神庙（BC2 世纪末—BC1 世纪）
古罗马广场（BC2 世纪前后）
加尔水道桥（BC20 前后）
罗马斗兽场（72—80 前后）
庞贝多姆斯 (79)
万神庙 (118—128)
卡拉卡拉大浴场（212—216）
君士坦丁凯旋门（315）

初期基督教建筑

旧圣彼得大教堂（330—390）
圣康斯坦齐亚大教堂（360 前后）
圣撒比纳圣殿（425—430）
罗马圣母大殿（5 世纪以前）

拜占庭建筑

小圣索菲亚清真寺
（527—536）

圣索菲亚大教堂
（532—537）

圣索菲亚教堂
（萨罗尼加，8 世纪初）

西欧建筑活动停滞

前罗马式建筑

亚琛宫殿礼拜堂（792—805 前后）

圣塞瓦斯蒂安 - 德洛斯雷耶斯教堂
（812—842）

850	诺曼人（维京人）的一支——丹麦诺曼底人入侵英格兰
882	留里克建立基辅罗斯公国
911	诺曼人攻入西法兰克、首领罗伦建立诺曼底公国
955	第二次莱希菲尔德之战，东法兰克王国奥托一世战胜匈牙利人
962	罗马皇帝加冕，神圣罗马帝国（现德国）建国
987	加洛林王朝在西法兰克告终
1000	圣伊什特万一世几乎统一了匈牙利全土，建立王国
1066	诺曼王朝（现英国）建立
1077	卡诺莎之行，被宣判流放的神圣罗马帝国皇帝冒风雪远行请求赦免
1096	第一次十字军东征，基督教与伊斯兰教间的战争开始
1122	沃尔姆斯宗教协定，高位圣职者的叙任权斗争暂告一段落
1147	第二次十字军东征，未获得较大成果，以败退为终结
1171	埃及法蒂玛王朝走向终结，萨拉丁的阿尤布王朝取而代之
1204	第四次十字军东征，占领君士坦丁堡，建立拉丁帝国
1215	大宪章颁布，首次尝试从被统治者一方限制国王大权
1254	遍历亚洲各地的冒险家马可·波罗出生。以《马可·波罗游记》向欧洲介绍见闻
1256	神圣罗马帝国皇帝康拉德四世去世，大空位时代到来
1295	英格兰国王爱德华一世召集模范议会
1302	法兰西国王腓力四世召开三级会议，圣职者、贵族与平民同时参会
1309	阿维尼翁之囚。法国国王强制将罗马教廷移至阿维尼翁
1339	百年战争开始。英格兰王国与法兰西王国激烈冲突
1348	黑死病扩展到欧洲全域，欧洲将近 3/10 的人口死亡
1378	教会分裂，在罗马和阿维尼翁各自立教皇
1398	文艺复兴三大发明之一西方活字印刷术的发明者——古腾堡出生
1414	为解决三位教宗对立的异常状况，召开康士坦斯大公会议
1429	百年战争后半程，圣女贞德解放奥尔良
1436	查理七世率领的法兰西军队从英格兰军队手中夺回巴黎
1434	意大利财阀、艺术守护者美第奇家族确立了佛罗伦萨的支配权
1453	奥斯曼帝国灭亡拜占庭帝国
1473	哥白尼出生。后日提倡与地心说对立的日心说
1479	西班牙王国成立，收复失地运动走向终结
1492	哥伦布接受西班牙王室援助，到达新大陆
1517	马丁·路德发表《九十五条论纲》，成为宗教改革导火索
1521	麦哲伦船队经由太平洋完成环球航行
1534	首长法颁布，英国教会从天主教教会分离
1555	奥格斯堡宗教和约缔结，神圣罗马帝国皇帝承认信仰自由
1564	莎士比亚出生，创作的《哈姆雷特》等成为世界文学的标杆
1570	罗马教皇将带领小国英格兰走向崛起的伊丽莎白一世流放
1572	圣巴多罗买大屠杀，在巴黎对新教徒进行迫害
1588	英西海战。西班牙无敌舰队败北于英格兰舰队
1598	创作出数件巴洛克艺术巅峰杰作的贝尼尼出生
1598	亨利四世颁布南特敕令。新教与天主教公民享有同等权利
1600	英格兰设立东印度公司
1623	以帕斯卡定理闻名的帕斯卡诞生，他也是杰出的哲学家和思想家
1633	近代科学之父伽利略认可日心说，罗马教廷宣判其有罪
1648	威斯特伐利亚和约签订，17 世纪最大的战争——三十年战争宣告结束
1687	近代物理学之父牛顿发现万有引力

拜占庭建筑

克里普特修道院
（873—874）

米莱昂修道院教堂
（920 前后）

圣马可大教堂
（1063—1071）

卡伦德罕大清真寺
（12 世纪中期）

前罗马式建筑

科尔维修道院（885）

圣米歇尔·德·库克萨修道院教堂
（974 献堂）

罗马式建筑

圣马丁杜卡尼古修道院教堂
（1001—1026）
施派尔大教堂（1061）
比萨大教堂（1063—1272）
圣塞尔南大教堂（1080 前后）
丰特奈修道院教堂（1139—1147）

哥特式建筑

巴黎圣母院（1163—1250）
沙特尔圣母大教堂（重建于 1194—1220）
亚眠大教堂（1220 前后）
圣礼拜教堂（1243—1248）
科隆大教堂（1248—1880）
埃克塞特大教堂（1329—1369）
格洛斯特大教堂（1337—1367）
圣维特大教堂（1344—1385）
乌尔姆大教堂（1377—1850）
塞维利亚大教堂（1401—1506）
国王学院礼拜堂
（1446—1515）
塞戈维亚大教堂（1525—1591）

文艺复兴建筑

佛罗伦萨孤儿院（1419—1445）
圣·洛伦佐教堂（1425 前后）
圣母百花大教堂（1436 献堂）

坦比哀多礼拜堂
（1502—1510）

圣彼得大教堂（奠基于 1506）
香波尔城堡（1519—1547）
圆厅别墅（始建于 1550）

风格主义建筑

得特宫（1535）

卡比托利欧广场（1536 前后）

保守宫
（1561—1584）

法尔内赛宫
（1546—1549）

巴洛克建筑

耶稣教堂（1568—1582）

四喷泉圣卡罗教堂
（1638—1667）

圣彼得大教堂柱廊
（1656—1667）

1689	英格兰国王威廉三世签署权利宣言，颁布权利法案
1701	路易十四挑起西班牙王位继承战争，成为法兰西财政下滑的原因之一
1703	初代皇帝彼得大帝带领俄罗斯走向近代化、打下了帝国的基础
1718	四国同盟战争。西班牙急于恢复国力，与四国同盟（英、法、奥、荷）展开战争
1756	策划收复奥地利失地，后来发展为七年战争，向世界蔓延
1760 前后	工业革命开始。纺织技术革新，瓦特改良蒸汽机
1773	波士顿倾茶事件。殖民地人民对英国殖民政策群情愤慨
1775	对英国奋起反抗夺得胜利的美国独立战争。华盛顿任指挥官
1789	法国大革命。针对君主专制的一场市民革命
1804	拿破仑由于远征声名远扬，因保卫民众权利而获得民心，就任皇帝
1808	半岛战争，西班牙民众反抗法兰西暴政，维护独立
1814	为解决拿破仑战争导致的一系列领土分配问题，召开维也纳会议
1818	马克思出生。他构筑了共产主义概念。代表作《资本论》
1830	法国七月革命。1789 年法国大革命成果化为泡影，民众群起反抗
1839	洛克菲勒出生，其后来成为独占美国精制石油产量 90% 的石油大王
1847	发明大王爱迪生在美国出生。一生中的发明与技术革新超越 1300 件
1848	欧洲各地革命运动勃发，各民族迎来春天
1851	首届世界博览会在伦敦开幕
1859	达尔文发表《物种起源》，主张生物由共同祖先进化而来，震惊世界
1861	贸易、奴隶、政策矛盾导致美国南北战争爆发，美国一分为二
1865	南北战争中带领北军走向胜利的林肯总统遭暗杀。奴隶制废除
1870	普法战争，法兰西第二帝国走向终结
1878	柏林会议，迎来帝国主义时代
1896	第一届夏季奥运会在雅典开幕
1903	莱特兄弟首次载人飞行成功
1905	现代物理学之父爱因斯坦发布《狭义相对论》
1914	第一次世界大战爆发，并在短时间内发展为世界规模的战争
1917	俄国革命后，罗曼诺夫王朝覆灭，成立苏维埃政府
1929	纽约股市大跌，引发世界性恐慌
1934	获得第一次世界大战后心怀不满的市民们的强烈支持，希特勒就任总统
1939	德国入侵波兰，第二次世界大战开始
1945	第二次世界大战结束。核武器使用。全世界死亡人数共计 5000 万 ~8000 万
1961	柏林墙建立，东西两德分隔
1965	越南战争，游击战震撼美国
1969	阿波罗计划，人类首次登月
1990	因特网开始普及
2007	苹果公司发布智能手机 iPhone

巴洛克建筑

沃勒维孔特城堡

（1657—1661）

凡尔赛宫

（1668—1684）

洛可可

苏比斯府邸

（1735—1737）

新古典主义

圣女日南斐法教堂

（1755—1780）

希腊复兴

柏林老博物馆（1824—1828）

瓦尔哈拉神殿（1830—1842）

如画式风格

草莓山庄（1748—1777）

小特里亚农宫别馆

（1782—1786）

哥特复兴

牛津大学基布尔学院礼拜堂

（1857—1883）

威斯敏斯特宫

（重建于 1860）

英国皇家司法院

（1874—1882）

钢铁建筑

埃菲尔铁塔

（1887—1889）

工艺美术运动

红屋（1860）

新艺术运动

塔塞尔公馆（1893）

现代风格派

巴特罗公寓（1904—1906）

米拉公寓（1906—1910）

维也纳分离派

维也纳邮政储蓄银行

（1906）

立体主义

亚洛舍别墅

（1913）

艺术装饰风格

克莱斯勒大厦（1930）

草原风格

罗比住宅（1909）

未来主义

《高层住宅》（1914）

构成主义

祖耶夫工人

俱乐部（1929）

风格派　施罗德住宅（1924）

现代主义建筑

德绍的包豪斯（1926）

巴塞罗那博览会德国馆

（1929）

马赛公寓（1952）

索尔克生物研究所（1966）

表现主义　爱因斯坦天文台（1921）

纯粹主义

萨伏伊别墅（1930）

粗野主义

朗香教堂（1955）

高技派建筑　蓬皮杜艺术中心（1984）

西方建筑地图

世界

欧洲（详见164页）

欧洲

巴黎

罗马

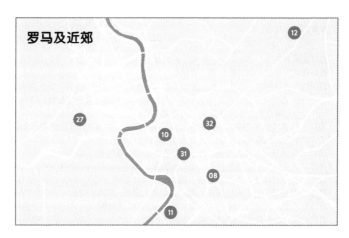

罗马及近郊

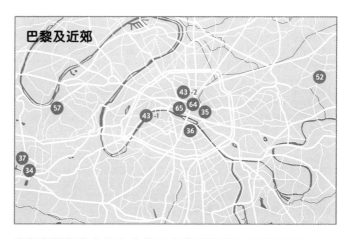

巴黎及近郊

参考文献

『西洋建築史図集』日本建築学会 編　彰国社　1981
『西洋建築史概説』森田慶一 著　彰国社　1982
『図説西洋建築物語』ビル・ラズベイロ 著　下村純一・村田 宏 訳　グラフ社　1982
『カラー版 西洋建築様式史』熊倉洋介・末永 航ほか 共著　美術出版社　1995
『ヨーロッパ建築史』西田雅嗣 編　昭和堂　1998
『図説年表 西洋建築の様式』鈴木博之 編　鈴木博之・伊藤大介ほか 共著　彰国社　1998
『西洋建築史』桐敷真次郎 著　共立出版　2001
『図説 西洋建築史』陣内秀信・太記祐一ほか 共著　彰国社　2005
『西洋建築空間史』安原盛彦 著　鹿島出版会　2007
『続 西洋建築空間史』安原盛彦 著　鹿島出版会　2009
『図説 西洋建築の歴史』佐藤達生 著　河出書房新社　2014
『近代建築史』石田潤一郎・中川 理 共編　昭和堂　1998
『近代建築史』桐敷真次郎 著　共立出版　2001
『近代建築史』鈴木博之 編著　五十嵐太郎・横手義洋 共著　市谷出版会　2010
『実況・近代建築史講義』中谷礼仁 著　LIXIL 出版　2017
『建築の歴史』ジョナサン・グランシー 著　三宅理一 日本語版監修　BL 出版　2001
『カラー版 図説 建築の歴史』西田雅嗣・矢ケ崎善太郎 共著　学芸出版社　2013
『世界建築史 15 講』「世界建築史 15 講」編集委員会 編　彰国社　2019
『137 億年の物語』クリストファー・ロイド 著　野中香方子 訳　文藝春秋　2012
『pen BOOKS 知っておきたい世界の宗教。』pen 編集部 編　CCC メディアハウス　2018
『一度読んだら絶対に忘れない世界史の教科書』山崎圭一 著　SB クリエイティブ　2018
『マンガ 面白いほどよくわかる! ギリシャ神話』かみゆ歴史編集部 編　西東社　2019
『教養としての西洋美術史』大友義博 監修　宝島社　2019
『教養としての世界史 天才たちの人生図鑑』山崎圭一 監修　宝島社　2020
『奇想遺産』鈴木博之・藤森照信・隈 研吾・松葉一清・山盛英司 共著　新潮社　2007
『奇想遺産 2』鈴木博之・藤森照信・隈 研吾・松葉一清ほか 共著　新潮社　2008
『面白いほどよくわかる 古代エジプト』笈川博一 著　日本文芸社　2007
『ギザの大ピラミッド』ジャン゠ピエール・コルテジアーニ 著　吉村作治 監修　山田美明 訳　創元社　2008
『世界一面白い 古代エジプトの謎』吉村作治 著　中経出版　2010
『図説 ピラミッドの歴史』大城道則 著　河出書房新社　2014
『河江肖剰の最新ピラミッド入門』河江肖剰 著　日経ナショナルジオグラフィック社　2016
『ピラミッド 最新科学で古代遺跡の謎を解く』河江肖剰 著　新潮社　2018
『古代建築 専制王権と世界宗教の時代』中川 武 監修　溝口明則 著　丸善出版　2018
『ブリューゲルへの招待』朝日新聞出版 編　朝日新聞出版　2017
『図説 聖書物語 旧約篇』山形孝夫 著　山形美加 図版解説　河出書房新社　2001
『図説 聖書物語 新約篇』山形孝夫 著　山形美加 図版解説　河出書房新社　2002
『図説 キリスト教会建築の歴史』中島智章 著　河出書房新社　2012
『図説 ユダヤ教の歴史』市川 裕 編著　河出書房新社　2015
『ポンペイ発掘ガイド』Pier Giovanni Guzzo　2003
『古代ポンペイ過去と現在のモニュメント』De Franciscis Alfonso; Bragatini Irene　Vision　1995
『図説 十字軍』櫻井康人 著　河出書房新社　2019
『図説 ロマネスクの教会堂』辻本敬子・ダーリング益代 共著　河出書房新社　2003
『図説 大聖堂物語』佐藤達生・木俣元一 共著　河出書房新社　2000
『建築家レオナルド・ダ・ヴィンチ』長尾重武 著　中央公論新社　1994
『ルネサンス理想都市』中嶋和郎 著　講談社　1996
『pen BOOKS ルネサンスとは何か。』pen 編集部 編　CCC メディアハウス　2012
『建築行脚 8 マニエルズムの館 パラッツォ・デル・テ』磯崎 新 著　篠山紀信 写真　六耀社　1980
『図説 バロック』中島智章 著　河出書房新社　2010

『図説 ヴェルサイユ宮殿』中島智章 著　河出書房新社　2008
『図説 アール・ヌーヴォー建築』橋本文隆 著　河出書房新社　2007
『図説 アール・デコ建築』吉田鋼市 著　河出書房新社　2010
『図説 ガウディ』入江正之 著　河出書房新社　2007
『新建築 建築 20 世紀 PART2』鈴木 博・中川 武・藤森照信・隈 研吾 監修　新建築社　1991
『世界の 20 世紀建築』ベルトラン・ルモアンヌ 編　森山 隆 訳　創元社　2009
『ライトの住宅 自然・人間・建築』フランク・ロイド・ライト 著　遠藤 楽 訳　彰国社　1967
『フランク・ロイド・ライトの建築遺産』岡野 眞 著　丸善出版　2005
『もっと知りたい　ル・コルビュジエ』林 美佐 著　東京美術　2015
『図説 北欧の建築遺産』伊藤大介 著　河出書房新社　2010
『リートフェルトの建築』奥 佳弥 著　キム・ズワルツ 写真　TOTO 出版　2009
『名作住宅から学ぶ 窓廻りディテール図集』堀 啓二＋共立女子大学堀研究室 編著　オーム社　2016
『建築の詩人 カルロ・スカルパ』齋藤 裕 著　TOTO 出版　1997
『レンゾ・ピアノ航海日誌』レンゾ・ピアノ 著　石田俊二 監修　田丸公美子・倉西幹雄 訳　TOTO 出版　1998
『意中の建築 下巻』中村好文 著　新潮社　2005

索引

著译者简介

著者

杉本龙彦
工学院大学硕士
现为杉本龙彦建筑设计主创建筑师
合著　「建築用話図鑑 日本篇」**オーム社** 2019
　　　「建築断熱リノベーション」学芸出版社 2017
　　　「矩計図で徹底的に学ぶ住宅設計 [S 編]」**オーム社** 2017
　　　「**窓がわかる本**：設計**のアイデア** 32」学芸出版社 2016
　　　「矩計図で徹底的に学ぶ住宅設計 [RC 編]」**オーム社** 2016
　　　「矩計図で徹底的に学ぶ住宅設計」**オーム社** 2015

长冲充
东京艺术大学建筑专业硕士
曾就职于小川建筑工房、TESS 设计研究所
现为杉本龙彦建筑设计主创建筑师
都立品川职业训练学校客座讲师
会津大学短期大学部客座讲师
日本大学生产工学部客座讲师
著书　「見てすぐつくれる建築模型の本」彰国社 2015
合著　「建築用話図鑑 日本篇」**オーム社** 2019
　　　「矩計図で徹底的に学ぶ住宅設計 [S 編]」**オーム社** 2017
　　　「矩計図で徹底的に学ぶ住宅設計 [RC 編]」**オーム社** 2016
　　　「矩計図で徹底的に学ぶ住宅設計」**オーム社** 2015
　　　「階段がわかる本」彰国社 2012　　等

芫木孝典
筑波大学艺术专业硕士
曾就职于**テイク・ナイン**设计设计研究所、(株) 中央住宅 STURDY STYLE 等
现任职于 (株) 中央住宅户建分让设计本部
(一社) 东京建筑士会环境委员会委员
合著　「建築用話図鑑 日本篇」**オーム社** 2019
　　　「矩計図で徹底的に学ぶ住宅設計 [S 編]」**オーム社** 2017
　　　「矩計図で徹底的に学ぶ住宅設計 [RC 編]」**オーム社** 2016
　　　「矩計図で徹底的に学ぶ住宅設計」**オーム社** 2015　　等

伊藤茉莉子
日本大学生产工学部建筑工学专业毕业
2005—2014 年 谷内田章夫 /workshop (现 : Aerial)
2014—2019 年 KITI 一级建筑师事务所主创建筑师
现为 Camp Design inc. 合伙主创建筑师
会津大学短期大学部客座讲师
合著　「建築用語図鑑日本篇」**オーム社** 2019
　　　「設計者主婦が教える片づく収納**のアイデア**」**エクスナレッジ** 2018
　　　「矩計図で徹底的に学ぶ住宅設計 [S 編]」**オーム社** 2017
　　　「矩計図で徹底的に学ぶ住宅設計 [RC 編]」**オーム社** 2016
　　　「矩計図で徹底的に学ぶ住宅設計」**オーム社** 2015　　等

片冈菜苗子

日本大学大学院生产工学研究科建筑工学专业毕业
现任职于筱崎健一事务所
合著　　「建筑用語図端 日本篇」オーム社 2019
　　　　「建筑のスケール感」オーム社 2018
　　　　「窓がわかる本 : 設計のアイデア 32」学芸出版社 2016

中山繁信

法政大学工学研究科建设工学硕士
曾就职于宫胁檀建筑研究室、工学院大学伊藤郑尔研究室
2000—2010 年 工学院大学建筑学科教授
现为 TESS 设计研究所主创建筑师
著书　　「イタリアを描く」彰国社 2015
　　　　「美しい風景の中の住まい学」オーム社 2013
　　　　「スケッチ感でパースが描ける本」彰国社 2012　　等众多书目
合著　　「建筑用語図鑑日本篇」オーム社 2019
　　　　「建筑のスケール感」オーム社 2018
　　　　「矩計図で徹底的に学ぶ住宅設計 [RC 編]」オーム社 2016
　　　　「矩計図で徹底的に学ぶ住宅設計」オーム社 2015　　等众多书目

插画

越井隆

东京造形大学设计科毕业
活跃于杂志、书籍、广告、线上等
曾与 SWATCH 合作
负责过 SHIPS, JOURNAL STANDARD relume 等品牌的圣诞节活动
同时负责《西方建筑图鉴》插图　　　　　　　　　　装帧，本书设计 : 相马敬德（Rafters）

译者

堺工作室

全称株式会社堺アトリエ，创立于日本东京，开展设计、教育、出版、媒体、策展等多个领域的工作。